AF564381

ESSAIS SUR LES PONTS ET CHAUSSÉES.

ESSAIS
SUR LES PONTS ET CHAUSSÉES, LA VOIRIE ET LES CORVÉES.

A AMSTERDAM,
Chez CHATELAIN.

1759.

ESSAI SUR LA VOIRIE, ET LES PONTS ET CHAUSSÉES DE FRANCE.

AVANT-PROPOS.

J'AI lû quelque part, que Corinthe étant menacée d'un Siége, par Philippe, Roi de Macédoine, les Habitans animés par la grandeur du péril, & par la gloire qu'ils acquerroient à le surmonter, se livrerent tous avec une ardeur incroïable, aux préparatifs d'une vigoureuse défense. Les Femmes même voulurent y pren-

Padre part, tant l'amour de la Patrie est capable d'élever & d'enflammer le courage. Les uns furent employés à l'approvisionnement des vivres & des munitions; d'autres à réparer les fortifications, & à dresser des machines de guerre; ceux-ci à distribuer des armes, & à exercer les Soldats; chacun à ce qui convenoit le mieux à ses talens & à sa profession. Diogene voyant qu'on ne le chargeoit de rien, quoiqu'il eût deux bras & une tête, fut saisi d'un soudain transport: il jetta son manteau & sa besace, & se mit à rouler son tonneau avec tant de véhémence, qu'il donna lieu à ses amis de lui en témoigner leur étonnement. Il leur répondit que dans une occasion où il voyoit toute la Ville occupée du bien public, il ne vouloit pas se faire soupçonner de paresse, ni qu'il eût été capable de refuser le travail, si le Magistrat avoit daigné l'occuper.

Quoique je ne ressemble en rien à Diogene, si ce n'est, peut-être, par un peu trop d'approximation à la pauvreté, & que je ne présume pas assez de mes forces pour me flatter que la République tirât quelque secours de mon travail, je ne laisserai pas d'adopter la réponse du Philosophe cynique, si l'on demande ce qui peut me porter à remuer mon tonneau. Je conviens que l'ennemi est loin de nos portes, & que si les Dieux veulent nous inspirer, il doit plus trembler pour ses foyers, que nous n'avons à craindre pour les nôtres; mais il n'en dévore pas moins, des yeux, nos possessions; & il porte sa frénésie jusqu'à nous disputer l'empire des lettres, par la seule raison qu'elles sont devenues une branche féconde de notre Commerce, & qu'il voudroit l'envahir tout entier. Chacun de mes Concitoyens, & tous, jusqu'aux femmes, se faisant un devoir de défendre l'honneur de la Nation, j'ai cru qu'on ne me blâmeroit pas, si j'osois, au moins, figurer dans le combat, pour n'être pas regardé comme un admirateur oisif des différentes productions du tems, telles & en si grand nombre que si l'on ne peut dire qu'il n'y en eût jamais de meilleures, on ne doit pas craindre de se tromper, en avançant qu'il n'y en eût jamais tant.

J'avoue aussi qu'un second motif de zele m'a excité : je n'ai pu voir sans émotion (a) qu'un de nos Auteurs politiques modernes se soit élevé contre une matiere que j'affectionne, & par laquelle nous remportons avec éclat sur la Nation rivale, un avantage qu'el-

(a) Traité de la Population.

le ne ſauroit nous conteſter, je veux dire celui qui naît de la magnificence, & de l'utile commodité de nos chemins. Cependant leur largeur pouſſée à l'excès, ſuivant cet Auteur, & leur conſtruction, qu'il trouve déplorable, l'indiſpoſent tellement, qu'il nous accuſe de dérober (*a*) par l'une, à l'agriculture, l'étendue de deux Provinces ; & qu'il juge que l'autre (*b*) » pourroit être dé» truite en un an de tems, par » une médiocre Colonie de Tau» pes «. Je le crois bien, vraiment : des édifices plus ſolides ne ſoutiendroient pas des attaques ſi ſérieuſes (*c*) ; & quant à la perte du terrein, ſi nous calculions la ſuperficie qu'en occupent les Villes, les Bourgs, les Villages, les Hameaux, les Châteaux, les Fer-

(*a*) Premiete Part. p. 187.
(*b*) *Ibid.* pag. 184.
(*c*) Part. II. p. 186.

mes, les Canaux, Etangs, &c. quel vol fait au labourage, pourrions-nous dire ? Mais la Société se réjouit de ces pertes, par le dédommagement qu'elle en reçoit avec usure, & ne sent pas moins l'indemnité que lui rapportent les chemins. Ce digne Citoyen dont, au surplus, je reconnois très sincérement le mérite, & qui a publié d'excellentes réflexions, blâme encore hautement les moyens dont on se sert pour avancer la réparation des Ponts & Chaussées. Il veut qu'on supprime le travail des corvées, parcequ'il n'en voit que les vices honteux, que je déteste plus que lui ; & il souhaite qu'on y substitue le travail des Soldats dont il n'a pesé ni les difficultés, ni les dangereuses conséquences. Qu'il me soit permis de dire, sans vouloir lui déplaire, qu'il auroit sagement fait de rejetter cette discusſion de ſon Traité, & de la mettre au rang des choſes *dont il n'a pas voulu faire un livre, parce-qu'il ne les ſavoit pas.* Il n'a point apperçu qu'indépendamment de leur foibleſſe, & ſouvent de leur contradiction, ſes objections tendent à inſpirer des préjugés dangereux, en faiſant craindre au Gouvernement les conſéquences d'un ſyſtême réellement avantageux à l'Etat; & en dégoûtant les Peuples d'un travail dont ils retirent ſenſiblement la récompenſe. Je crains que ce ne ſoit à lui ſeul qu'il faille imputer les préventions (heureuſement paſſageres) où l'on étoit tombé, tout récemment, ſur ce ſujet, & qui ne ſont parvenues juſqu'à moi, dans mon ſéjour champêtre, qu'à cauſe qu'elles ont été trop répandues: mais il y a, dites-vous, des abus dans la manutention des corvées. Eh! où n'y en a-t'il pas? Seroit-ce une raiſon d'anéantir tous les ordres? Le Miniſtre ſage ne s'occupe que du ſoin de les redreſſer, & de les affermir davantage; encore reſtera-t'il toujours à craindre que les Réformateurs ne ſoient trompés, tant le vice eſt inſéparable de l'humanité.

C'eſt ainſi qu'on s'expoſe à une juſte critique, quand on ſe porte ſoi-même à critiquer ſans réfléxion, & qu'on entreprend de traiter des ſujets auxquels on ne s'eſt point préparé. Il en eſt des chemins, à certains égards, comme du commerce auquel ils ſont deſtinés. Tout le monde en parle; peu de gens voient les reſſorts ſecrets qui font mouvoir ces deux immenſes machines. Chacun en admire les dehors, & veut participer aux bienfaits qu'elles procurent; mais perſonne ne ſe porte volontairement à contribuer à leur entretien. Pour me reſtraindre à la partie que j'examine, on voit, tout au plus, quelques Propriétaires de terres, pour obtenir des chemins qui devroient être faits à leurs dépens, offrir d'en avancer les deniers. Avare libéralité, qui n'a pour principe que de jouir plutôt, en chargeant l'Etat d'une anticipation de dépense inutile, & qui prive le Public d'un fond destiné à ses besoins. Nous sommes injustes en tout, quand il s'agit de notre intérêt; mais nous le sommes doublement lorsque nous blâmons en public des Etablissemens dont nous tâchons de profiter en particulier. J'avertis que cette derniere réflexion, qui regarde les corvées, est générale, & qu'elle n'a aucune application à personne, en particulier; mais les exemples de l'injustice que je peins, ne sont pas rares. Une route qui conduit à la terre du Seigneur ou du

Financier ; le dirai je ? à celle du Senateur le plus contraire au travail des Communautés ; cette route eſt-elle commencée ? il n'y a rien, affirment-ils, de plus néceſſaire, ni de plus important. C'eſt le premier commerce du Roïaume qui va être ouvert, facilité, augmenté. La route eſt-elle achevée ? on croiroit que ces hommes métamorphoſés s'attendriſſent pour le peuple. Ils n'attendent qu'une occaſion pour déclamer pompeuſement *contre une tyrannie qui acheve d'écraſer le pauvre, déja expirant ſous le fardeau des impôts.* O hypocrites ! votre compaſſion reſſemble au plâtre des Phariſiens : l'intérêt de ce Peuple vous touche peu, & vous êtes inſenſibles au bien de l'Etat.

Mais quelqu'un de mes Lecteurs, ſi j'en ai, ne demandera-t'il pas qui je ſuis moi-même, pour oser censurer le Public, & donner des leçons aux Savans? je vais satisfaire cette curiosité. Le Public juge toujours sainement quand les faits lui sont connus, parcequ'il est incorruptible; mais l'erreur l'entraîne, quand elle le prévient. Il faut donc l'éclaircir & l'instruire, pour le faire revenir de cette prévention; & c'est lui marquer son respect, que de lui fournir les notions dont il a besoin, pour rendre justice. Tel est l'objet de mon travail.

Sur le second chef de l'interrogation que je me suis faite, c'est autre chose. J'ai à prouver mon apprentissage, & à expliquer d'où m'est venu le droit de me donner des lettres de maîtrise, sans avoir jamais manié le craïon, l'équerre, ni le niveau. J'ai déja dit que j'habite les champs. J'ajoute que c'est loin de Paris, &

que j'y mene une vie aussi active, que frugale. Comme on a ouvert plusieurs routes aux environs de ma demeure, j'ai pris plaisir à les parcourir toutes l'une après l'autre. J'ai fait connoissance avec les Officiers qui les conduisent : insensiblement j'ai gagné leur confiance. Ils m'ont initié dans les mysteres de leur art, & s'ils ne m'ont pas tout-à-fait communiqué la science d'un Ingénieur, ils m'ont rendu capable de distinguer ceux qui le sont. Je ne me suis pas borné à cette connoissance, quoiqu'elle m'ait infiniment occupé : j'ai voulu être instruit de tous les objets qu'embrasse l'administration de cette vaste matiere. L'art, le droit, la police, la finance, les formes qu'on y suit ; enfin l'histoire de ses commencemens, & de ses progrès. Je tâcherai de faire voir que mon étude n'a pas été tout-à-fait vaine, & que je ne me vante pas témérairement d'en ſavoir plus que l'honorable ami des hommes, ou, du moins, d'en parler plus pertinemment. Il eſt ſi amplement dédommagé de ce petit avantage, par de plus hauts genres d'érudition, auxquels je n'aſpire pas; il a tant d'eſprit, &, encore un coup, il eſt ſi bon Citoyen, qu'il ne m'enviera pas *la gloriole* après laquelle je cours. Il eſt bien plus propre à m'applaudir, quand il verra que je ne critique ni par humeur, ni par ambition, & que mon unique but eſt de l'imiter, en montrant mon attachement au bonheur de la Patrie.

Je ne traiterai dans ce Diſcours préliminaire, que la partie hiſtorique des Ponts & Chauſſées, puiſque c'eſt aux autres de former le corps de mon ouvrage.

Le Duc de Sully a été le pre-

mier Miniſtre qui, depuis la fondation de la Monarchie, ait aſſez vivement ſenti de quelle influence étoient les chemins ſur le commerce intérieur du Royaume. Que ce ſoit uniquement pour ſon utilité, comme on pourroit l'inférer de la réflexion d'un Juriſconſulte, ſon contemporain, *tant vaut homme, tant vaut ſa terre*; ou qu'il n'ait envisagé que le bien de l'Etat, comme ma vénération pour ce grand homme me le perſuade; ou qu'enfin il ait réuni ces deux intérêts, dans la création qu'il obtint de la charge de Grand-Voyer; toujours eſt-il certain que la Nation y gagna (& de quelles bonnes idées ne lui eſt-elle pas redevable ſur toutes les parties du Gouvernement!) On trouve encore en différens lieux des reſtes de Chauſſées dont la tradition populaire lui fait honneur; & j'ai vu moi-même, il y a plus de trente ans, quelques-uns de ces chemins ruinés, bordés de grands arbres dont on lui rapportoit l'existence, ce qui conduiroit à lui attribuer aussi la plantation des Chemins, renouvellée de nos jours, Henri II étant le premier de nos Rois qui l'ait ordonnée par sa Déclaration du 19 Janvier 1552. Quoi qu'il en soit, car il seroit superflu de s'appesantir sur de telles recherches, nous savons que sous la sage administration de cet illustre Citoyen, il y eût des regles de Police établies pour la Grande & la Petite Voirie, & des fonds destinés dans les Etats des Finances, pour la réparation des Ponts & Chaussées; cette derniere circonstance suffit pour démontrer la vérité de ma proposition. Avant cette époque, les Baillifs se regardant, depuis l'origine des Fiefs, comme les Protecteurs des Chemins publics, les entretenoient, ou les négligeoient, à leur gré; & ce que nous lisons dans les Capitulaires, & dans les anciennes Ordonnances de nos Rois prouve que leur plus grande vigilance ne tendoit qu'à la réparation du sol naturel de la voie publique, lorsqu'elle étoit dégradée; & à la faire restituer par les propriétaires des héritages qui étoient dans l'habitude de l'usurper.

Il faut cependant convenir que le zele du Duc de Sully n'eut pas, à beaucoup près, tout l'effet qu'il s'en étoit promis. Ce regne, si honorable aux fastes de la Nation, & dont la mémoire vivra éternellement dans le cœur de tous les bons François; ce regne fût trop court pour rendre solide & durable l'établissement qu'il avoit formé.

Les tems, sous Louis XIII, furent si orageux, & le Ministre qui dominoit, ſi appliqué à la guerre au dedans, & au-dehors, qu'en ſentant tout le prix du Commerce, il ne pût preſque rien faire en ſa faveur, ſi néanmoins ce n'eſt pas beaucoup que d'avoir fondé une Marine; mais il fut trop occupé du jeu des grands reſſorts de la politique, pour deſcendre aux moyens œconomiques, qui fructifient lentement, & demandent une tranquillité dont l'Etat ne pût jouir pendant ſon miniſtere.

Les commencemens du dernier regne furent encore plus agités. Les troubles intérieurs; les guerres civiles; la corruption des mœurs, cauſe, ou effet toujours certains, de l'eſprit de péculat dans tous les ordres; furent autant de fléaux ajoutés aux guerres étrangeres, pour accabler l'Etat, & n'auroient pas permis au Cardinal Mazarin de porter ſes vues ſur les chemins publics.

Il étoit écrit dans les livres du destin, que l'Etat ne prendroit une nouvelle forme, par le rétablissement de l'ordre, que sous la main savante du grand Colbert; mais par une autre fatalité bien déplorable, ce Ministre qui procura des loix & des regles à la Justice, à la Police, aux Finances, & au Commerce en général, oublia que la Voirie n'en avoit point, ou n'eut pas le tems de lui en donner, quoiqu'il dût mieux sentir qu'un autre, à l'imitation du grand modele qu'il travailloit à perfectionner, tous les avantages que retireroit de la réparation des chemins ce Commerce dont il étoit le salutaire restaurateur. Peut-être aussi que de son tems la Géométrie n'avoit pas été assez cultivée, pour élever un nombre suffisant de sujets propres à former un corps d'Ingénieurs; & nous savons, en effet, que l'Architecture publique étoit encore au berceau. Personne n'ignore le ſort du Pont de Moulins bâti par le célebre Manſard; il ne ſavoit pas que des pieux battus dans le ſable, réſiſtent à une certaine profondeur, aux coups redoublés du mouton le plus péſant: il fonda ſur cette matiere, comme s'il avoit atteint le tuf, & il ne meſura pas l'ouverture des arches au volume d'eau qu'elles devoient contenir dans le tems des crues. Son édifice, bientôt renverſé, ſervit de leçon à l'ignorance téméraire; mais le tems ſeul forma les Savans. Si le Chef des Architectes étoit ſi peu verſé dans les principes de ce genre de conſtruction, combien la ſcience de ſes inférieurs étoit-elle bornée? Quoi qu'il en ſoit, M. Colbert ne porta pas ſur le corps de la Voirie, cette main bienfaiſante à laquelle je viens de rendre un juste hommage, & à qui tant d'autres matieres ont dû leur accroissement. Il n'en réforma que peu d'abus, & encore imparfaitement.

Après lui les chemins furent comme condamnés à l'abandon, & resterent en ce déplorable état jusqu'à M. Desmaretz, qui prit à cœur de les tirer de l'oubli. A l'aide d'un Magistrat (*a*) aussi actif qu'éclairé, qui en prit le détail, il auroit certainement illustré cette direction, si la trop longue guerre que la France eût à soutenir, ne l'eut épuisée; car il débuta par des entreprises d'éclat, telles que la route d'Orléans, dont il fit tirer les alignemens aux abords de la Capitale. Il entreprit de relever des Ponts, & sur tout il institua, pour la premiere fois, un corps de génie.

Sous la Régence de M. le Duc

(*a*) M. de Bercy.

d'Orléans, toutes choses ayant pris de nouvelles faces, il n'eut pas été glorieux au Conseil qu'il établit pour le dedans du Royaume, d'abandonner les traces que M. Desmaretz lui avoit frayées, & de ne pas les pousser plus loin. Cette partie lui devenoit d'autant plus recommandable, qu'elle devoit donner du lustre à ses autres opérations, en favorisant le Commerce dont il s'étoit hautement déclaré le Protecteur; &, certes, il étoit trop bien composé pour démentir l'opinion que le Public avoit conçue de ses lumieres. A ce Conseil présidoit un de ces génies vifs & perçans (*a*), à la sagacité desquels rien n'échappe, & qui, enrichi de mille connoissances, dont l'assemblage est si rare, étoit plus capable que tous de perfectionner l'ébauche qu'il avoit sous ses yeux. Aussi

(*a*) M. le Maréchal de Noailles.

donna-t'il les plus grandes idées de ſes deſſeins, par les ſommes conſidérables qu'il fit deſtiner à leur exécution ; mais deux grands obſtacles l'arrêterent dans ſa courſe. L'un fut l'incapacité d'un grand nombre d'Ingénieurs pris au haſard, & peut-être leur peu de délicateſſe ſur les moyens de s'enrichir, dans une place dont l'honneur doit être le principal revenu. L'autre naquit de la révocation des Conſeils.

Ce fut alors qu'un Sophiſte politique ayant fait accepter le fameux & terrible ſyſteme des papiers, les formes du Gouvernement changerent pour l'adminiſtration des Finances, & que celle des Ponts & Chauſſées fût miſe en direction. Cette nouvelle inſtitution d'un homme uniquement occupé de ſon objet, porta beaucoup de vivacité dans la régie. Pluſieurs routes furent ouvertes, & entr'autres travaux remarquables, on construisit le Pont de Blois, très digne d'illustrer cette époque. Il y a tout lieu de croire, qu'avec tant de zele, on n'auroit pas laissé aux Successeurs l'avantage de mettre la derniere main à ce département, si les secours s'y étoient maintenus; mais l'excessive cherté que l'abondance, & le discrédit de la monnoie du tems, avoient produite sur les matériaux & la main-d'œuvre; & enfin la chûte entiere des Billets de Banque, lui avoient fait, dès 1720, une plaie incurable, en formant, dans toutes les caisses, un vuide énorme qui ne pouvoit être remplacé. On devoit une somme immense aux Entrepreneurs, qui, par-là, étoient hors d'état de faire de nouvelles avances; & néanmoins, en donnant des à-comptes, on pourvoyoit, autant qu'il étoit possible, au plus preſſé ; mais on ſent à combien d'inconvéniens eſt ſujet un ſervice précaire. Des Fourniſſeurs, & des Ouvriers mal payés, ſe ſauvent ſur le prix, & ſur la legereté de l'ouvrage, tandis que l'Etat, mal ſervi, s'endette toujours de plus en plus, & tombe dans l'impuiſſance abſolue de s'acquitter, s'il ne change de conduite. D'ailleurs le déſordre s'y met ; on retarde une dépenſe néceſſaire, pour en faire d'inutiles par anticipation, parcequ'il n'y a point de barriere que ne forcent le crédit, & la faveur.

Telle étoit, en 1726, la ſituation des Ponts & Chauſſées, lorſque M. Dubois, qui, dès 1723, avoit ſuccedé à la direction de M. le Marquis de Beringhen, entreprit de les liquider, & de réprimer tous les abus que le deſordre occaſionné par le malheur des tems, y avoit introduits.

Ce

Ce nouveau Directeur étoit frere du Cardinal de ce nom, premier Ministre, &, comme lui, natif de Brive en Limosin, Ville habituée à produire des hommes d'Etat. Il parvint à cette liquidation par l'œconomie, unique ressource que l'esprit humain puisse indiquer pour de semblables opérations. Elle réussit, d'autant que si elle est unique, elle n'est pas moins infaillible. L'exactitude à payer le courant, procura une diminution sensible sur les prix, tandis que d'un autre côté on réduisoit la créance des Entrepreneurs, par une soustraction rigoureuse de ce qui ne leur étoit pas légitimement dû. Cet arrangement tout simple ramena l'ordre : les comptes furent appurés ; & quoiqu'on m'ait assuré que les arrérages dûs par le Trésor Royal aux Ponts & Chaussées ne soient pas encore payés, on n'en rembourſa pas moins tous les Créanciers.

En travaillant à cette liquidation, d'autant plus pénible qu'elle étoit hériſſée de calculs minutieux, on ne laiſſoit pas de fonder la théorie & la pratique du travail ſur les meilleurs principes; & l'on formoit un ſéminaire d'éleves d'architecture. C'eſt de cette pepiniere, encore obſcure, parcequ'on étoit à l'étroit, qu'on tira un nombre ſuffiſant de chefs & de ſous-ordres pour la conduite de tous les atteliers: tant il eſt vrai que les plus belles inſtitutions doivent leur triomphe à de foibles commencemens, & que le progrès en eſt toujours rapide, quand leurs principes, loin d'être deſtructeurs de l'humanité, ne peuvent aboutir qu'à la rendre plus féconde. Si tous les Ingénieurs des Ponts & Chauſſées ne furent pas d'abord également bons, c'eſt que l'égalité des talens & des mœurs ne s'eſt jamais trouvée dans aucun corps à ſa formation; & je doute même qu'après trente-trois ans de ſoins, de peines & de recherches, celui-ci touche encore à ce point d'uniformité, où le choix pourroit devenir ſuperflu, par la certitude où l'on ſeroit de n'y trouver rien de foible; mais au terme d'où je pars, il y avoit déja d'excellens ſeconds, & qui doivent aujourd'hui faire des premiers encore plus excellens.

Le Département fut remis en Finance en 1735; mais comme le Miniſtere ſuivit les mêmes erremens, & que les acteurs ne changerent point, je ne ferai pas de cet évenement une nouvelle époque. Je terminerai à 1742 celle dont je rends compte, en ajoutant que depuis 1723, où elle avoit commencé, on exécuta heureusément de grands, de magnifiques, de solides ouvrages, & qu'on eût la gloire de livrer l'édifice de la régie en si bon état, qu'il n'avoit plus besoin que de la décoration extérieure, & de l'autorité nécessaire pour en empécher le dépérissement. C'est une justice que tous les Ingénieurs qui l'ont vu, rendent à la direction qui l'a fondé; & je crois m'acquitter d'un devoir de Citoyen en publiant ce témoignage, dans l'opinion où je suis que le mérite des Inventeurs ne doit jamais s'effacer de la mémoire des hommes, encore moins de celle d'un gouvernement juste qui doit les récompenser par tout ce qu'il y a de plus propre à exciter l'émulation. Sans doute le salaire, la protection, les égards & l'espérance de l'avancement sont dûs à la vertu qui sert; mais d'où lui naîtra le courage de consacrer sa vie à l'Etat, s'il voit que ceux qui ont couru la même carriere, & l'ont remplie avec autant d'intégrité que de zele, ont été les victimes de la passion.

J'en suis à la derniere époque, certainement la plus brillante par la supériorité du génie qui dirige & qui réunit en lui tout ce qu'il faut pour réussir, *un grand mérite avec un grand pouvoir.* Cette école d'Ingénieurs qui avoit pris naissance sous de fragiles auspices, s'est accrue à l'aide de ses lumieres & à l'appui de ses faveurs. L'instruction y est ouverte à tous les Aspirans qui ont des attestations de bonne conduite. L'examen & le discernement y assurent la préférence au plus digne. La probité y est regardée comme la premiere vertu; le savoir y est exigé comme la seconde, & il faut que l'amour du travail les étaie toutes deux. Il n'y a point de corps où la subordination soit plus sagement distribuée par la distinction des grades & des fonctions; ni où la discipline soit mieux gardée. Il seroit superflu d'annoncer qu'en partant de si bons principes, on a poussé très loin la réparation des chemins, & que ces deux dernieres époques l'ont portée à un point auquel aucun Empire n'est jamais parvenu en si peu de tems avec de si modiques secours. La construction d'un grand nombre de Ponts du premier & du second ordre : les deux extrémités du Royaume unies par des communications praticables en tous tems : des voitures publiques établies sur les routes mêmes où il étoit dangereux de voyager à cheval, rendront ces travaux aussi célebres, que chers à la postérité, & doivent faire souhaiter que celui qui travaille à les porter à leur perfection, voie la fin du siecle auquel il en assure la gloire.

Je diviserai ce Traité en trois parties.

Dans la premiere, je parlerai des hommes qui concourent à la réparation des Chemins, en commençant par l'administration qui l'ordonne & la conduit.

Dans la seconde, j'examinerai les choses; c'est-à-dire les ouvrages de tout genre & de toute espece qu'on emploie à la réparation, & les moyens dont on use pour les exécuter.

Enfin dans la troisieme, il s'agira du droit qui régit cette matiere, & des formes qu'on y suit. Peut-être même irai-je jusqu'à proposer des arrangemens qui pourroient y être utiles ou nécessaires, & sur-tout la promulgation d'une loi qui assure à jamais la durée des principes qu'elle aura établis, & l'obſervation des regles qu'elle aura impoſées. Celle des formes eſt le frein le plus propre à captiver la cupidité, & à contenir l'abus du pouvoir qui travaille ſans ceſſe à les anéantir, pour tout ſoumettre à ſon caprice.

ESSAI SUR LA VOIRIE, ET LES PONTS ET CHAUSSÉES DE FRANCE.

PREMIERE PARTIE.

DES HOMMES QUI CONCOURENT A LA RÉPARATION DES CHEMINS.

CHAPITRE PREMIER.

De l'administration générale des Ponts & Chaussées.

LES anciens Peuples ne mettoient pas au rang des administrations brillantes, celle de l'entretien des Chemins publics. Suétone (*a*) nous apprend que Cesar, la premiere fois qu'il fut créé Consul, se tint offensé de la proposition qui fut faite au Sénat, d'ajouter cette direction, avec celle des Eaux & Forêts, aux autres fonctions du Consulat; & Pétrarque rapporte que dans une occasion, où le parti dominant du Conseil de Thebes étoit contraire à Epaminondas, on conféra la charge des Chemins à ce célebre Général, comme pour l'humilier, lorsqu'il s'attendoit, avec raison, à être continué dans les premieres dignités de la République. Sa vertu sut bien s'en venger par cette belle réponse, si digne d'une grande ame & du zele d'un bon Citoyen (*b*). *Je ferai ensorte*,

(*a*) In vita Cæs.

(*b*) Curabo ne tam mihi desati ministerii obsit indignitas, quam ut illi mea dignitas prosit.... (*Petrarcha, lib. de opt. adm. reip.*) Bergier, hist. des Chemins de l'Emp. Rom. ch. 2.

dit-il, *que la bassesse de cet Office ne me nuira pas tant, que la dignité de ma personne lui profitera.* Sans doute cette idée de vilité que les Thébains attachoient à la direction des Chemins, ne pouvoit naître que des sentimens peu convenables dans lesquels ils vivoient sur la profession du Commerce. On sait que les Romains le regardoient aussi avec mépris, n'y ayant dans leurs préjugés que la valeur & la science militaire qui dussent conduire aux grandes Magistratures. Cependant la Voirie étoit, chez eux, confiée aux Ediles Curules, charge distinguée, toujours remplie par des Patriciens, & par laquelle il falloit nécessairement passer pour arriver aux plus éminentes; mais il paroît qu'à l'exception de ces voies célebres, plutôt faites aux abords de Rome, pour annoncer la majesté de l'Empire, que pour aucune utilité, puiſqu'une telle magnificence n'augmentoit point la facilité des approviſionnemens, la guerre étoit l'unique objet de l'attention ſinguliere que les Romains donnoient aux chemins publics, & de ces chauſſées ſi renommées, que leur ſolidité a conſervées juſqu'à nous dans la Belgique & dans pluſieurs Provinces de ce Royaume; auſſi les appelloient-ils *Voies militaires*; ce qui leur faiſoit regarder la charge municipale d'Edile, comme militaire elle-même, d'autant mieux que le ſoin d'approviſionner les armées lui étoit confié.

Outre le motif de tranſporter les armées, avec une extrême célérité, par tout où la défenſe de l'Empire le requeroit, la politique d'Auguſte apperçut deux autres grands avantages dans la multiplication des chemins; l'un de contenir les troupes & les peuples dans l'obéissance, en les y forçant par un travail si dur, qu'il leur ôtat l'envie de cabaler en ne leur laissant pas le loisir de respirer; l'autre d'expédier plus promptement les couriers qu'il avoit établis; & c'est ce qui donna un progrès si rapide à la construction de toutes ces chaussées, dont l'étendue & la solidité ont également étonné l'univers. Alors les premiers hommes de l'Etat s'occupperent de ce soin, pour faire leur cour à l'Empereur; & ses Successeurs les plus sages, tels que Trajan & Adrien, se firent gloire de l'imiter. Mais comme la force de l'Empire n'étoit appuyée que sur celle des armes, il fut renversé par le même esprit de conquête qui l'avoit élevé; & les chemins périrent par l'ignorance & l'avarice des Barbares.

Avec plus de lumieres que n'en avoient les Thébains & les Romains eux-mêmes sur les vraies sources de la puissance, nous avons pris aussi des idées plus saines sur la dignité du Commerce. Nous le regardons comme le soutien le plus ferme d'un grand Etat, & nous faisons une maxime capitale du devoir de le favoriser, de l'étendre, & de l'augmenter. Nous regardons, avec raison, comme une des plus nobles fonctions du Gouvernement, la direction des moyens qui peuvent conduire à ce but, & celle des chemins, comme un des moyens les plus favorables au commerce ; deux fondemens inébranlables, quand ils sont inséparablement unis. Aussi avons-nous vu que le premier Citoyen qui a ouvert cette carriere, étoit le plus grand homme d'Etat que la Providence eût jusques-là fait naître parmi nous, & d'une haute naissance, distingué par des honneurs éclatans,

&, ce qui est infiniment plus précieux, honoré de l'intime confiance du plus grand de nos Monarques, dont le discernement régloit le choix, & dont le choix garantissoit l'équité. Il ne semble pas qu'aprés cet exemple, aucun Seigneur, quelqu'élevé qu'il fût, trouvât la direction des chemins au-dessous de son rang, & je suis persuadé que les plus dignes de la premiere classe, ne me dédiroient pas; mais l'exemple même s'y opposeroit, en ce que le Duc de Sully avoit l'administration des Finances, & que tout concourt à faire décider que celle des Ponts & Chaussées y soit à jamais unie. La correspondance directe & continuelle que ce Ministre entretient avec les Intendans, chevilles ouvrieres de cette machine; leur dépendance de ses ordres pour tout ce qui peut la faire mouvoir; l'intérêt qu'ils ont de contribuer à l'accompliſſement de ſes deſſeins, & de lui faire connoître leurs talens ; la ſupériorité qu'ils exercent eux-mêmes, pour d'autres détails, ſur des ſous ordres qui peuvent ſeuls aider à la manœuvre de celui ci ; tout dit que les ſuccès ſeroient moins ſûrs, moins prompts, & peut être impoſſibles dans les mains de toute autre autorité. Il ne s'agit plus que de voir ſur quels principes il doit diriger la matiere.

Il y auroit de l'indécence à demander qu'un Contrôleur Général des Finances entrât dans les bas détails de toutes celles qui lui ſont ſoumiſes, & ſur tout dans la méchanique de celle ci, puiſqu'elle occuperoit tout entier l'ouvrier le plus habile qui voudroit en manier tous les reſſorts. Un Miniſtre ne doit voir les objets que dans leur tout. La Carte générale du Royaume, même réduite au plus petit pied, lui suffit pour la direction des Ponts & Chaussées. C'est assez qu'il connoisse en gros les routes & les chemins royaux, les rivieres navigables qui les coupent, les principales Villes qu'ils traversent, les Ports & les Entrepôts où ils aboutissent : Qu'il sache à quelle dépense annuelle monte leur entretien, & quelles sont les charges nécessaires de l'état du Roi; quel fond on doit imposer annuellement pour en former la recette, & ce qu'il doit en accorder à chaque Généralité. Il seroit à souhaiter que cette destination fût inviolablement suivie en tems de guerre comme en paix, & que dans ce premier cas le retranchement tombât sur des parties moins pressantes. L'emploi du fond des Ponts & Chaussées, à l'objet pour lequel il est levé, tourne tout entier au profit de l'Etat, non-seulement en ce que la vente des matériaux & le prix de la main-d'œuvre servent au paiement du tribut ; mais encore en ce que le travail augmente le debit des denrées, & que ces deux bienfaits portent directement sur les classes des sujets les plus recommandables. Ces réflexions ne peuvent échapper à un Ministre éclairé ; mais je sais aussi qu'en le supposant capable de renoncer à des préjugés dont l'ancienneté ne justifie pas les inconvéniens, il est des cas où l'on ne peut se guider par ses propres lumieres, ni par la rectitude de ses intentions, & où l'on est entraîné par des circonstances inexorables ; aussi n'ai-je pas la témérité de pousser plus loin mes réflexions, & je reviens à mon sujet.

Quand j'ai dit qu'un Ministre ne pouvoit suivre le détail, je n'ai pas prétendu qu'il dût en ignorer les parties. Sans cette connoissance il ne pourroit juger si elles sont conduites sagement ; & delà vient qu'un Ministre qui les possede, est toujours si supérieur à ceux qui n'ont qu'une théorie superficielle, & qui jugeant de tout par une imagination déréglée, changent de systême à chaque moment, ou, pour mieux dire, n'en ont jamais.

Il sera louable dans le Ministre, chef de la direction, qu'il en connoisse les Membres; c'est-à-dire qu'il soit informé du mérite personnel des Sujets qui travaillent prémédiatement sous ses ordres. Premierement, des Intendans qui les exécutent avec le plus d'intelligence & d'activité, & de ceux qui paroissent y prendre le moins d'intérêt. En second lieu, des Commissaires que le Conseil tire des Bureaux des Finances. Enfin des Inspecteurs généraux & des

Ingénieurs en chef; ensorte que si leur Protecteur direct en cette partie venoit à leur manquer, ils ne tombassent pas dans l'oubli avec leurs talens & leurs services.

Il ne doit pas non plus ignorer les formes générales auxquelles ce département est assujetti, puisqu'il est le premier Juge de leur pratique, & qu'en examinant si elles sont conformes au droit commun, il peut ou leur donner plus de force & d'activité, ou les temperer selon le besoin.

CHAPITRE II.

De l'administration du détail.

LE Magistrat qui est chargé du détail, régit directement par lui-même la Généralité de Paris. Elle est divisée en deux Départemens, dont l'un comprend la

Ville, ses Fauxbourgs & Banlieue, sous le titre de Pavé de Paris. L'autre s'étend, sous le nom de Ponts & Chaussées, jusqu'aux bornes des Généralités dont il est environné. Dans tous les deux, les formalités du droit, & de la Police sont remplies, tant par le Bureau des Finances en corps, que par des Trésoriers de France de la même Compagnie, qui ont des Commissions particulieres du Roi.

Pour la conduite des ouvrages du Pavé de Paris, il y a, sous le Commissaire, un Inspecteur Général, & quatre Sous-Inspecteurs. On y entretient aussi un Garde de la Prevôté de l'Hôtel, pour l'exécution des ordres.

Les travaux des Ponts & Chaussées du surplus de la Généralité, sont dirigés par des Ingénieurs en chef, ou des Sous-Inspecteurs, sur les plans & la conduite d'un Inſpecteur général.

La régie directe des Provinces eſt confiée aux Intendans, ſous les ordres du Miniſtre & l'inſtruction particulière du Commiſſaire général. Chaque Intendant y remplit les formes du droit & de la police, par la propre autorité dont il eſt pourvu, & par celle d'un Tréſorier de France de ſa Généralité, revêtu d'une commiſſion du Roi. Il y a dans chacune de ces Généralités, un Ingénieur en chef, & quelquefois deux. Pluſieurs Sous-Inſpecteurs, Sous-Ingénieurs & Eleves, par proportion à la quantité d'ouvrages qu'on y fait ; & tous ces Officiers de l'art ſont ſubordonnés à un Inſpecteur général.

Il y a pour tout le Royaume un premier Ingénieur & cinq Inſpecteurs généraux. Ces places principales ſont remplies par les Ingénieurs en chef les plus expérimentés, & qui ont été jugés les plus capables. Ils forment ensemble une espece d'Etat-Major.

Enfin le Roi entretient à Paris une école, où des Maîtres gagés instruisent les Eleves, non-seulement des mathématiques & du dessein, mais encore des deux Architectures publique & civile.

Outre ces deux départemens du Pavé de Paris, & des Ponts & Chaussées du Royaume, l'administration en embrasse un troisieme; c'est celui des Turcies & levées des rivieres de Loire, Cher & Allier, auquel préside pour la police, pour les formalités & pour la visite des ouvrages, un Officier en titre d'Intendant. Il y a pour les projets & la conduite des ouvrages, un Ingénieur général; deux Ingénieurs en chef qui lui sont subordonnés, l'un pour le haut, l'autre pour le bas de la Loire, & plusieurs Sous-Inspecteurs, ou Sous-Ingénieurs.

Je parlerai amplement, à la ſuite de ce chapitre, de l'origine & des progrès de tous ces établiſſemens, ainſi que des fonctions de tous les Officiers qui en ont la manutention, & je ſuivrai pour ce détail l'ordre dans lequel je viens de les déſigner.

Qu'on ſe repréſente maintenant, au milieu de tous ces Agens, le Magiſtrat qui les gouverne; ſans ceſſe occupé à les tenir tout-à-la-fois dans une action continuelle, & dans un ordre qui prévienne la plus legere confuſion; qui, toujours attentif à la diſcipline, n'en veille pas moins ſur les mœurs & ſur la conduite de tant de ſujets; qui les empêche de s'entrechoquer dans l'exécution des ordres; qui ſache exciter les uns, retenir les autres, éteindre les haines & les jalouſies, accorder les contrariétés, étouffer

étouffer les dissensions, dissiper les petites cabales, punir & récompenser à propos.

Qui ait toujours représenté à ses yeux la Carte générale d'un grand Royaume, & les Plans particuliers des Chemins & des Rivieres dont ce Royaume est percé dans tous les sens. Qui ait distribué dans sa tête les grandes routes qui le traversent du Nord au Sud, & du Levant à l'Occident; qui sache à quels commerces elles servent, pour donner la préférence à celles qui la méritent le plus pour cet objet. Qui voie du même coup d'œil les branches aboutissantes à ces routes, & les rameaux plus ou moins importans que chacune produit: qui, sans être assez versé dans l'art pour former lui-même un projet de construction, y ait acquis assez de connoissance pour juger de la bonté du plan qu'on lui présente; qui puisse le discuter dans tous ses points, par sa forme & ses proportions relatives au local, par la nature & la qualité des matériaux, par la difficulté des transports, par le prix de la main d'œuvre, par les obstacles qui en peuvent arrêter l'exécution ou la suspendre, par les moyens qu'il y aura de les détourner ou de les lever; enfin par la dépense qui résultera de tous ces objets rassemblés. Encore ne voudra-t'il pas s'en rapporter à ses seules lumieres, si le projet est assez important pour mériter une plus ample discussion; mais l'examen auquel il le soumettra le jettera dans de nouveaux doutes, parcequ'il est rare que deux Architectes pensent uniformement sur la même question; & il faudra qu'après avoir pesé les avis de part & d'autre, il se détermine par la seule force de son jugement. Aura-t'il pris son parti sur les raiſons les plus palpables, il s'élevera des oppoſitions de la part des Puiſſances; des repréſentations ſans fin de Corps de Chapitres, de Communautés laïques qui n'entendirent jamais leurs intérêts, & de Communautés régulieres, qui, en étendant toujours les leurs, ne peuvent en abandonner la pourſuite, quelque injuſte qu'elle ſoit; des ſollicitations preſſantes de tous les particuliers. Chacun aura fait ſa ligue, & réuni tous ſes expédiens. Ici l'alignement excitera des murmures. On le fait paſſer ſur des terreins précieux; on coupe des jardins & des vergers; on s'éloigne d'un Bourg où les voyageurs & les voituriers trouvoient tous les ſecours dont ils pouvoient avoir beſoin, & qui ſera ruiné par l'abandon de l'ancien chemin. Il ne pourra plus payer les impoſitions dont il eſt chargé, perte ſenſible pour l'Etat : ſes habitans auront la douleur d'être commandés pour travailler à leur propre deſtruction. Là, dira-t'on, l'emplacement du pont qu'on veut bâtir eſt mal choiſi : ſes abords auroient été plus beaux, ſes rampes plus douces & plus commodes, ſi on l'avoit porté au-deſſous ou au-deſſus. Le parti contraire ſoutient que ces objections ſont vaines. Le nouveau chemin abregera : il paſſera ſur un terrein plus uni : il y aura moins d'ouvrages à faire, & conſéquemment moins de dépenſe pour l'Etat ; raiſons ſans replique, & qui doivent l'emporter. A la nouvelle de ce débat, tous les Propriétaires ſe rangent du côté qui les favoriſe : ils écrivent, donnent des mémoires, dreſſent des plans exagerés, font agir leurs Protecteurs & leurs amis : la Cour & la Ville ſont partagées : l'affaire devient si sérieuse ; on a jetté tant de doutes & de défiances dans l'esprit du Magistrat, qu'il suspend l'exécution. Plus il est pénétré de l'amour du bien public ; plus il est en garde contre les attaques de la puissance & les importunités de la faveur ; plus il craint de se déterminer par leur influence. Heureux si, malgré ses précautions, il n'est pas entraîné par l'une, ou par l'autre, à prendre le mauvais parti, & toujours en crainte de se faire des ennemis dangereux, s'il n'écoute que la raison & l'équité.

Si ce projet, qui excite tant de clameurs & de mouvemens, regarde la Province, il en sort une hydre de nouvelles difficultés, à moins que l'Intendant & l'Inspecteur général ne soient parfaitement d'accord. Mais si, par une fatalité qui n'est que trop commune, ils ſont d'avis contraire, quel embarras! L'Inſpecteur mérite toute la confiance par ſes lumieres : le Préfet eſt reſpectable par ſon rang, & il ſe croit ſouvent en état de redreſſer l'homme d'art & la direction ; car il y a peu d'Intendans qui n'aient leur ſyſtême à part ſur cette matiere, & qui ne ſe jugent très capables de la gouverner en chef, ce qui peut être fort vrai de quelques-uns ; mais qu'il peut être permis de ne pas préſumer de tous. Il faut donc que le Commiſſaire général connoiſſe, par une étude très ſuivie, les préjugés, le genie, & le caractere de tous ces Commiſſaires départis ; qu'il les tourne à ſon ſentiment par des réflexions meſurées, par des invitations propres à flatter leur amour propre, par des ménagemens perſonnels qui n'intéreſſent pas le fond des choſes ; ou qu'il en vienne à bout par une fermeté qui ſubjuge leur obſtination. Il eſt obligé de tenir la balance dans un équilibre très difficile entre l'Intendant qui veut ordonner à ſon gré, & l'Ingénieur qui ne veut obéir qu'à l'autorité premiere, de laquelle il tire tout ſon relief, & qui ſe glorifie de la faire valoir. Un autre genre de contradiction s'éleve entre les Subdélégués, ſoutenus de l'Intendant qu'ils repréſentent, & les Ingénieurs qui veulent les primer. La vanité inſéparable du cœur humain, appelle la diſcorde. Elle ſouffle ſon poiſon ſur les rivaux & leur ſuite : la diſſenſion s'y met, & de-là des jalouſies naiſſent, des haines, des querelles, de faux rapports, quelquefois des dénonciations & des accuſations odieuſes. Imaginons une intelligence éternellement occupée à mettre d'accord tous ces contraires, à les ramener à un point de réunion & à une même façon de penſer, dont dépend le ſuccès des entrepriſes; car s'il y a deux principes, les conſéquences qui en découleront, ſeront deſtructives l'une de l'autre.

Si à tant de diſcuſſions, dont la ſource eſt intariſſable & ſe répand ſur la ſurface de vingt-quatre Provinces, nous ajoutons les queſtions judiciaires qui ſe préſentent tous les jours, nous trouverons que ſi les premieres affectent davantage, les dernieres n'occupent pas moins. Tantôt c'eſt une Iſle à ſupprimer, dont les Engagiſtes reclament le rembourſement ſur des titres ſuſpects; une pêcherie qu'il faut détruire, parcequ'elle nuit au Pont qu'on veut rétablir, le Propriétaire avoit il le droit de pêche, ou ne l'avoit il pas? la poſſeſſion dont il argumente eſt-elle un titre ſuffiſant ? Aujourd'hui ce ſont des maiſons à démolir, dont il faut indemniſer les Propriétaires, en aſſurant les droits de leurs Créanciers ; demain c'eſt une carriere de pierre de taille, que le Poſſeſſeur veut enclore pour ſe ſouſtraire au privilege des Entrepreneurs. Ici c'eſt un Seigneur qui prétend tirer un droit de fortage ; ou bien une Communauté qui répete un droit de pâture pour ſes beſtiaux. Là un fond de mainmorte, dont il eſt juſte de remplacer le revenu qu'elle perd. Ailleurs des bois à eſſarter pour la ſûreté des Voyageurs. Tantôt un péage qui ſe percevoit ſur le chemin abandonné, & dont on redemande la continuation ſur le nouveau chemin : mille autres queſtions qui naiſſent des diverſes eſpeces produites par les évenemens, & qui demandent autant de déciſions & de formalités, ſoit pour l'ordre & pour la juſtice, ſoit pour la décharge des Payeurs. Je ne les propoſe pas cependant comme difficiles à réſoudre; mais je les donne pour longues à examiner, par la prolixité des requêtes des demandeurs, & par la multiplicité des pieces dont ils s'efforcent de les ſoutenir; & je dis que le tems coule rapidement pendant qu'on travaille à les inſtruire, ſi l'on veut découvrir ſoi-même le nœud des difficultés, & en faire un rapport exact au Miniſtre.

Dans toutes les autres adminiſtrations des affaires d'Etat, telles que la guerre, la marine, &c. les objets ſont plus réduits aux regles générales. Dans celle des Ponts & Chauſſées, il faut, ſans altérer le principe, en faire preſque autant d'applications différentes, qu'il y a de cas différens; & les erreurs de fait y ſont d'autant plus à craindre, qu'indépendamment de la perte qu'elles causent à l'Etat, elles sont trop souvent incorrigibles. Je pourrois en ajouter plusieurs exemples à celui du Pont de Moulins, dont j'ai dit un mot dans mon Avant-Propos; je me borne, pour abreger, à un Ouvrage fait de nos jours, & que j'ai vu dans ma jeunesse. Je le cite d'autant plus volontiers, qu'il est mis au rang des beaux monumens, par l'Auteur du Traité de la Population (*a*); c'est celui de la montagne de Juvisy, à trois lieues de Paris. On y érigea, en 1724, non-seulement sans nécessité, mais contre toute raison, une arche de cinquante-deux pieds de hauteur; ses murs en aîle, prolongés à proportion, se trouvant trop foibles pour soutenir la poussée du poids énorme des terres

(*a*) Premiere Partie, pag. 185.

dont ils ſont chargés, plierent & s'entr'ouvrirent au bout de deux ans; & le ſeul remede que l'art pût imaginer contre ce péril imminent de ruine, fut de ſoutenir l'édifice par des arcs doubleaux qui lui ſervent tout-à-la-fois d'étançons & d'étréſillons; mais outre que cet expedient augmenta conſidérablement la dépenſe, déja prodigieuſe, eu égard à ſon objet, il ne fit qu'empêcher le dépériſſement du principal ouvrage, en arrêtant le progrès du mal, dont il ne pouvoit guérir la cauſe.

On ne peut donc trop louer l'uſage qui fût introduit, dès le tems de cette correction, de ne jamais entreprendre aucuns travaux publics de quelque importance, ſans en avoir auparavant ſoumis les projets à pluſieurs Savans de l'art, dont chacun faiſoit ſes obſervations en particulier, & ſans l'avoir enſuite expoſé à la critique de tous les Inſpecteurs généraux aſſemblés. Cet uſage a paſſé en regle, & s'eſt étendu à toutes les queſtions dignes d'un examen ſérieux. Les Tréſoriers de France, Commiſſaires du Conſeil, les Inſpecteurs généraux, & les Ingénieurs en chef des Provinces, qui ſe trouvent à Paris pendant l'hiver, s'aſſemblent une fois la ſemaine chez le Commiſſaire général. Là les plans & les devis ſont mis en ſa preſence ſur le Bureau : chacun y dit ſon avis ſans jalouſie & ſans partialité ; ou s'il arrivoit que ces paſſions influaſſent ſur le ſentiment de quelqu'un, le Supérieur ne tarderoit pas à s'en appercevoir, & malheur à celui qui auroit ainſi tenté de le ſurprendre. Ces aſſemblées qui, loin d'abreger ſon travail particulier avec chaque Inſpecteur général

& chaque Ingénieur en chef, l'augmentent & le multiplient, n'en prennent pas moins quatre ſéances entieres par mois, & ne diminuent de rien ſon travail courant, commun à tous les détails des adminiſtrations. C'eſt une correſpondance continuelle avec vingt-quatre Intendans, (car les Païs d'Etats ſe régiſſent eux-mêmes), avec vingt-ſix Ingénieurs en chef, ſix Inſpecteurs généraux, pendant ſix mois qu'ils ſont en tournée; avec tous les Particuliers à qui il plaît de faire des repréſentations par écrit; avec les Seigneurs, les amis, les donneurs d'avis ſecrets, à qui ſouvent il faut répondre de ſa main. Ce ſont des audiences à donner au public deux fois la ſemaine. C'eſt un travail journalier avec les Secretaires & le Chef du Bureau. C'eſt l'état des Caiſſes à examiner, & la diſtribution des fonds à faire aux Entrepreneurs ; soin qui exige une comparaison exacte de l'état actuel de chaque ouvrage, sur les certificats des Ingénieurs : c'est enfin une méditation suivie sur la situation générale de tous les travaux, de laquelle résulte une application toujours active à les faire marcher tous à la fois d'un pas mesuré sur la force de chaque entreprise, & sur les différens moyens qui concourent à leur exécution.

J'espere qu'après avoir réflechi sur l'étendue des occupations dont je viens de faire une description succincte, & qui n'est pas, à beaucoup près, surchargée, aucun de mes lecteurs ne trouvera que j'aie trop avancé, quand j'ai dit que le détail des Ponts & Chaussées pouvoit occuper tout entier un homme ordinaire ; fût-il même très instruit & très laborieux ; mais il y a cette difference entre un esprit médiocre & un génie puissant, que le premier multiplie son travail par les aides qu'il se procure, & qu'ils servent au second à l'abreger. L'Artiste commun emploie indistinctement ses ouvriers, & par-là s'assujettit à retoucher tout ce qu'ils font. L'Artiste rare, par un juste discernement de leurs talens, sait s'approprier tout ce qui sort de leurs mains. Ses instructions savantes ont développé le germe des idées que chacun de ses Eleves pouvoit produire, & il leur a communiqué l'art de les multiplier & de les étendre à force de les exercer. C'est ainsi que, remises à des hommes paîtris d'un limon plus raffiné que celui des autres, les matieres d'Etat les plus vastes & les plus compliquées, s'abregent & se simplifient par l'analyse qui les réduit en extraits. Ce tableau perdroit beaucoup de ſon mérite, s'il étoit vrai que *tout va de ſoi-même dans les détails* (a) ; mais je ſuis bien éloigné d'en convenir. Je penſe, au contraire, que ſi on les livroit à leur propre penchant, ils tomberoient bientôt dans la confuſion, & iroient où Panurge envoie les ames indignées de ces corps putrefaits, qui, de leur vivant, n'étoient *detteurs*, *ni prêteurs*.

CHAPITRE III.

Des Intendans des Provinces.

Nos Intendans repréſentent les *Miſſi Dominici*, dont l'hiſtoire fait remonter l'origine juſqu'au regne de Clovis II, fils de Dagobert; mais qui ne furent habituellement employés que ſous Charle-

(a) Traité de la Population, 2. part. p. 373.

magne & les Succeſſeurs de ſa race. Je ne trouve dans cette comparaiſon, que deux diſſemblances. L'une conſiſte en ce que l'on n'avoit recours aux *Miſſi Dominici*, que dans les cas preſſans, lorſque l'impunité avoit laiſſé monter ſi haut les abus, qu'ils auroient pû ébranler le Gouvernement ſi l'on n'y avoit remedié; au lieu que les Intendans ſont perpétuels, & inſtitués pour prévenir toute ſorte d'excès, en maintenant l'ordre. La ſeconde différence vient de ce que les anciens délégués étoient tirés des trois Ordres de l'Etat, *erant utriuſque Ordinis proceres*; & qu'au contraire, cette place eſt depuis longtems, parmi nous, affectée à une ſeule claſſe d'un ſeul ordre. Dans tout le reſte, la parité ne ſauroit être plus exacte : les anciens Députés.... *à Regibus in Provincias cum ampliſſima poteſtate mit-*

tebantur ; les nôtres ſont également départis par le Roi dans les Provinces, avec une autorité qui n'a d'autres bornes que ſon Tribunal ſouverain. Les fonctions des premiers avoient les mêmes objets que celles de nos Intendans de Juſtice, Police & Finances. *Referebantur ad juſtitiam, & diſciplinam publicam, & ad vectigalium curam.* Ils avoient enfin à leurs ordres des Officiers inférieurs répandus en pluſieurs diſtricts... *Miſſi minores diſcurrentes.* Ces Subdélégués, comme ceux de nos Intendans, pourvoyoient aux cas ordinaires, & renvoyoient à leurs Supérieurs la déciſion des difficultés qu'ils n'avoient pas l'autorité de réſoudre. *Et quidquid exinde quod commendamus per ſe adimplere non poterint*, (dit Charles le Chauve, en parlant de ces Délégués inférieurs), *admiſſos majores, per ipſum miſſaticum constitutos, referant; ut cum illorum consilio, & auxilio impleant* (a).

L'histoire fait un honneur infini à Auguste, d'avoir commis des Magistrats provinciaux, qui lui rendoient compte de tout ce qui se passoit dans l'étendue de son vaste Empire, & sur les avis desquels il prenoit ces justes mesures, qui, en conservant la paix dans tout l'Univers, lui firent fermer le temple de Janus. Nos Historiens n'ont pas moins regardé comme un trait du génie éclairé de Charlemagne, d'avoir mis en œuvre les mêmes moyens pour tenir les loix en vigueur, punir le crime, réprimer la licence, étouffer les dissensions, dissiper les cabales, calmer les émotions. Par

(a) Je tire toutes ces citations d'un savant Traité, composé par F. de Roye, imprimé à Angers en 1672, & intitulé : *De Missis Dominicis, eorum officio, & potestate.*

quelle fatalité un établissement si sage auroit-il perdu de son mérite en devenant plus régulier & permanent, lorsqu'il est sensible que nous lui devons la paix intérieure, qui, depuis plus d'un siecle, regne constamment dans cette Monarchie ? Peut-on concevoir rien de plus utile pour un Etat, qu'une correspondance vive & continuelle, par laquelle le Prince est tous les jours informé de ce qui se passe depuis le centre jusqu'aux extrémités les plus reculées de son Royaume ? qu'une Magistrature qui doit veiller sur toutes les autres ? qui, sans rien usurper de l'autorité qu'exercent les Cours supérieures sur les Juges inférieurs, tient ces derniers dans la regle, & ne souffriroit pas que les premiers s'en écartassent sans en informer le Souverain ? qui contient les Officiers municipaux dans le cercle de leurs devoirs, en ne permettant pas qu'ils foulent ou qu'ils ſurchargent les Communautés, ſoit par des emprunts onéreux, ſoit par une mauvaiſe diſpoſition de leurs revenus? qui eſt ſans ceſſe occupée à redreſſer les torts, à pourſuivre les crimes, à purger la ſociété de ces membres honteux qui la deshonorent en vivant de rapine comme des Tartares, & qui ſont toujours errans ſans jamais vouloir ſe fixer; à détruire la pareſſeuſe mendicité, preſque auſſi funeſte que le vol de vive force; à procurer la ſûreté aux Voyageurs; à maintenir l'union parmi les Citoyens; à faire naître l'abondance, en favoriſant l'agriculture & la population; à garantir les Peuples de l'oppreſſion des Traitans; à protéger les foibles contre les forts; à reclamer les graces du Roi pour des Citoyens utiles; à interceder pour les Peuples affligés de calamités;

à faire rentrer les revenus du fisc, sans lesquels le Souverain ne pourroit ni soutenir les charges de la République, ni repousser les attaques de l'ennemi; à faire enfin fleurir le Commerce par la vivification des manufactures, par la réparation des chemins & la conservation du lit des rivieres?

Cependant l'Auteur moderne que j'ai déja cité, & à qui je dois principalement l'idée de cet Ouvrage, semble avoir pris à tâche de décrier le ministere des Intendans. Il va jusqu'à leur donner des noms burlesques, en les traitant de *passe-partout* (*a*), *de Chrysologues*, *de Juges bottés*. Il voudroit, ce semble, qu'ils ne se mêlassent pas de la police, & qu'elle fût uniquement exercée par les Cours supérieures (*b*); lorsqu'ailleurs (*c*)

(*a*) Part. II. de la page 109 à 114.
(*b*) *Ibid.* p. 110.
(*c*) *Ibid.* p. 127.

il met en principe : » Que jamais » Gens de Justice ne furent pro- » pres au gouvernement en grand. Je doute que *la distinction des êtres* sauve ici la contradiction. La politique a-t'elle de ressort plus puissant pour regner paisiblement, que celui de la police ? Et de tous les objets de l'administration, y en a-t'il un qui exige une instruction plus sommaire, une exécution plus prompte, ni un regard plus continuel & plus étendu ? Donc rien n'est moins du ressort d'une compagnie de Juges assemblés, & tous occupés d'ailleurs du pénible & difficile soin de rendre la justice contentieuse; & rien ne convient mieux à des Magistrats créés *ad hoc*, qui ont le pouvoir nécessaire pour réprimer, & pour arrêter les abus à leur source. Dites qu'ils ne doivent point en abuser, en le poussant au-delà des loix vérifiées par les

les Cours ſupérieures, j'en demeurerai d'accord, & j'adopterai ſans reſtriction tout ce que vous recommandez ſur les qualités néceſſaires aux Intendans.

Je ne me ſuis pas inutilement, ni même indiſcrettement jetté dans cette digreſſion, puiſqu'elle a un rapport ſi direct à la matiere pour laquelle j'écris, & qu'elle a formé un chef dans pluſieurs remontrances des Cours ſupérieures, même tout-à-l'heure dans l'enregiſtrement de la Déclaration du 17 Avril dernier, qui ſuſpend divers privileges en ce qui concerne l'exécution de la taille. Je traiterai ailleurs cette queſtion à fond, avec tout le reſpect que je dois à la Magiſtrature; mais avec le zele & la vérité qu'un bon Citoyen doit à ſa Patrie. En attendant, j'oſe mettre en fait qu'il faudroit renoncer à la réparation des Chemins, s'il étoit néceſſaire d'en ſoumettre les moyens à la délibération & à la diligence des Juges ordinaires, comme du tems de François I; au lieu que par le miniſtere actif des Commiſſaires départis, on eſt ſûr d'y parvenir ſucceſſivement, non-ſeulement ſans fouler les peuples; mais encore en extirpant de la Société l'herbe peſtilentielle qui en ſuffoque le bon grain, c'eſt-à-dire en détruiſant la mendicité, objet ſi preſſant & ſi digne de la vigilance du miniſtere, dont je ſuis convaincu que nous ne tarderons pas à voir les effets. Ce n'eſt donc point dans l'Intendance elle-même que réſideroient les inconvéniens que déplore l'Auteur du Traité de la Population; il faudroit, s'ils exiſtoient, les attribuer à la médiocrité des ſujets que la faveur auroit élevés à cette place importante. Le remede à ce mal eſt facile, puiſqu'il conſiſte dans le choix, & peut-être, (je ne dis pas dans le retour au principe de l'ancienne conſtitution, *utriuſque ordinis Proceres*) mais vraiſemblablement dans l'admiſſion de toutes les premieres claſſes de l'ordre judiciaire, ſans autre acception que celle du mérite & de la vertu. Ce tems arrivera ſans doute lorſque nous y penſerons le moins; que ſait-on s'il n'eſt pas prochain? Oui, j'eſpere voir de mes yeux écraſer les têtes innombrables de l'hydre des privileges, qui ſemble n'avoir été enfantée par les malheurs de l'Etat, que pour les rendre incurables. Un ſoleil nouveau vient nous luire; il arrive à ſon midi ſur notre horiſon, pour diſſiper tous les nuages, & nous donner des jours ſereins, à la gloire du meilleur des Rois & de la Nation la plus fidelle. Je pouſſerois loin mes réflexions ſur ce ſujet, ſi je ſuivois les mouvemens de mon patriotiſme. Je me contente de m'écrier, dans l'extaſe où me jettent de ſi heureux commencemens, *tu quoque Colbertus eris.*

J'ai dit que la Carte ſur laquelle le Miniſtre étudie les Plans & les correſpondances des Chemins, doit être tirée ſur une échelle très courte ; j'ai fait entendre que le ſou-Miniſtre devoit en avoir deux ; une très grande pour la Généralité de Paris, qu'il conduit directement par lui-même ; l'autre moins longue pour les Provinces qu'il ne régit qu'indirectement par les inſtructions qu'il donne aux Intendans, & par les éclairciſſemens qui réſultent de leurs réponſes ; le tout indépendamment des Plans topographiques de chaque route, & autres chemins dont la réparation eſt ordonnée. Je vais maintenant augmenter encore la ſeconde de ces échelles, pour l'uſage des Commiſſaires députés, parcequ'il faut l'allonger à meſure que le terrein diminue & ſe retrécit; & que les objets demandent à être développés. A plus forte raiſon doit-il auſſi être aidé des Plans particuliers des projets qu'il fait exécuter. En un mot, un Intendant eſt obligé de connoître non-ſeulement les routes, & les grands chemins qui traverſent ſon Département; mais encore leurs naiſſances, leurs progrès & leurs aboutiſſans. Il ne doit pas même ignorer les communications par leſquelles il peut donner un plus grand débouchement aux denrées & aux manufactures, en leur facilitant l'abord aux embarquemens & aux dépôts. Il doit s'inſtruire juſqu'à la préciſion, du nombre des Habitans de chaque Paroiſſe; de leurs voitures, bêtes de ſomme & de trait; en faire paſſer les dénombremens par tant de contrôles & de vérifications que ſes recherches ne puiſſent être miſes en défaut, ni par la négligence, ni par la malice, & donner à cet effet des inſtructions ſi claires pour les dreſſer, que les eſprits les plus bornés puiſſent les entendre. Les dénombremens ſont ſi eſſentiels à l'objet que je traite, outre les autres ſecours que la politique en peut tirer, qu'un Commiſſaire départi n'en peut trop faire un de ſes ſoins les plus aſſidus: mais par où y parviendra-t'il? & comment pourra-t'il exercer dans toutes les autres parties le vaſte pouvoir qui lui eſt confié, s'il n'eſt ſecondé par des Subdélégués intelligens & fideles? Le ſuccès des ordres les plus importans dépend de la manutention de ces ſous-ordres. Il n'en faut donc point choiſir dont la probité ne ſoit généralement reconnue, & qui n'ait aſſez de lumieres & d'équité pour mériter l'approbation publique. Ce choix eſt facile à un Intendant, par les occaſions fréquentes qu'il a de mettre ces Officiers aux épreuves. Il a dû, en paſſant par les Villes & par les Bourgs, encourager les habitans foibles & timides à ſe plaindre, s'ils étoient maltraités. Il a pû conſulter des perſonnes éclairées & non ſuſpectes. Je le répete, la conduite d'un Subdélégué ne peut échapper aux perquiſitions d'un Intendant qui veut ſérieuſement en être informé; mais leur uſage le plus commun eſt de prendre ce qui ſe préſente, ou de conſerver ce qu'ils trouvent en place, ſans y regarder de trop près. Bientôt ils ſe laiſſent prévenir par les plus cauteleux, ordinairement hypocrites, qui ſavent s'emparer de leur confiance, & alors l'évidence même ne pourroit les frapper. Ils traitent de calomnie tout ce qu'on ose leur découvrir contre ces protégés. Ils vont jusqu'à craindre de se livrer au doute & aux éclaircissemens, tandis que la hauteur & l'avarice des indignes dépositaires de leur pouvoir, font des ravages effroyables à la faveur de l'impunité; qu'ils se comportent en petits tyrans, vendent au plus offrant la justice & les exemptions, font tourner à leur profit les soulagemens accordés au peuple, & menacent d'écraser tout ce qui oseroit s'opposer à leurs violences. Ce feu, qui dévore tout, ne s'arrêtera point, si quelque vexation énorme, ou quelque crime atroce ne soulevent ce peuple foulé, & ne forcent le Magistrat à connoître enfin, pour la premiere fois, l'infâme instrument de ses injustices.

Ce tableau, mis dans un autre jour, peut également représenter les Bureaux d'un Intendant, qui n'auroient pas été composés avec la plus grande circonspection. J'en ai vu dont le souvenir fait horreur, qui sacrifioient publiquement la matiere sur laquelle j'écris ; qui percevoient, à titre de droit sur les adjudications, des rétributions indues ; faisoient donner pour de l'argent, la préférence des entreprises à des ouvriers également infideles & ignorans, & corrompoient par leur exemple les Coopérateurs du service, quand ils pouvoient les attirer. S'il y en avoit dont la probité leur résistât, ils ne tardoient pas à leur faire éprouver ce que peut le ressentiment d'une ame basse ; car celles qui sont bien placées n'en ont point. Ces hommes integres encouroient la disgrace de l'Intendant, faussement prévenu. On leur ſuſcitoit des délateurs, on ſoutenoit contr'eux la déſobéiſſance & la révolte des Entrepreneurs ſurpris en flagrant délit. Tout manquoit pour l'exécution des ordres ſupérieurs : les obſtacles naiſſoient des cauſes mêmes qui auroient dû les détourner ; & la déprédation des deniers étoit telle qu'ils ſembloient fondre dans les mains des Ordonnateurs, ſans qu'il en reſtât ni veſtige, ni trace ſur les chemins.

Il eſt très aiſé à un Intendant de ſe mettre à couvert de tous ces dangers. 1°. En donnant à l'Ingénieur qui ſert près de lui, une confiance meſurée juſqu'à ce qu'il le connoiſſe parfaitement ; mais entiere quand les épreuves & la réputation cautionnent également ſa probité. 2°. En ſe tenant ſi ſeverement à la regle ſur tout ce qu'il ordonne, qu'il trouve sa décharge dans les rapports de cet Ingénieur, toujours garant des faits qu'il atteste, & sur lesquels la décision se présente d'elle-même à un Juge éclairé. 3o. En chargeant l'Ingénieur éprouvé de lui rendre un compte fidele de la conduite des Subdélégués. 4o. En apprenant par l'étude des Plans, des Devis & des détails, les premiers principes de l'architecture publique, & en les poussant aussi loin que son talent le comportera. Il ne doit pas toutefois porter l'ambition de s'y rendre habile, jusqu'à vouloir disserter avec les Maîtres. Un Musicien répondit en pareil cas au Pere d'Alexandre : *A Dieu ne plaise, Seigneur, que vous fassiez ces choses mieux que nous.* Mais il lui sera glorieux de bien concevoir les effets du plan dont il s'agira, & sur lequel le Gouvernement ne manquera pas de lui demander ſon avis. On y prendra d'autant plus de confiance, qu'on le ſaura plus intelligent. Si par un deſir de briller, commun à tous les Artiſtes, l'Ingénieur propoſoit une conſtruction périlleuſe, ou des ornemens déplacés, l'Intendant devroit, ſans doute, le faire remarquer au Commiſſaire général, & lui faire part non-ſeulement de ſes propres réflexions & de celles des connoiſſeurs; mais encore des obſervations du public, qui ne ſont jamais à mépriſer ſur les affaires locales.

La manutention de l'ordre, dans la recette & la dépenſe des fonds deſtinés aux travaux publics, eſt encore un objet bien eſſentiel de l'attention d'un Intendant. Il doit avoir en petit l'arrangement qui regne dans l'inſpection de la Caiſſe générale; tenir lui même un regiſtre, où il portera régulierement en recette les remiſes faites au Tréſorier particulier, & en dépenſe toutes les ſommes qu'il tire ſur lui. Il doit ſe faire repréſenter tous les mois le journal de caiſſe; le viſer & le collationner au ſien; n'admettre aucun paiement qui ne ſoit juſtifié par des quittances comptables, & n'en jamais ordonner que ſur les certificats de l'Ingénieur qui conduit l'ouvrage, & qui déclare ce qu'il y en a de fait. Il eſt des cas où le prix des matériaux, rendus à pied d'œuvre, peuvent mériter des à-compte, quoique les atteliers ne ſoient pas encore établis. Il en eſt où l'approviſionnement ne doit être conſideré que comme un devoir & une avance néceſſaire de l'Entrepreneur.

Enfin l'exactitude à faire exécuter les Ordonnances & les Reglemens, doit être regardée par ce Magiſtrat comme une obligation étroite dont il ne peut jamais se dispenser. Les peines encourues par les Contrevenans, peuvent sans doute, & doivent même quelquefois être modérées; parcequ'il ne seroit pas juste de traiter l'ignorance comme la méchanceté, ni la pauvreté comme la richesse ; mais il n'est permis qu'au Législateur de déroger à la loi, ou d'en changer les dispositions. Les formes doivent aussi être inviolables, leur établissement ayant eu pour objet de maintenir l'ordre, de prévenir la fraude, & de conserver à chacun ses fonctions & ses prérogatives. Il n'est permis ni de les abolir, ni de les traiter arbitrairement comme un usage de mode, dont le caprice dispose à son gré. Les rompre, déplacer ou anéantir les fonctions, est exercer un despotisme d'autant plus dangereux, que la perte de la subordination en eſt ſouvent la conſéquence, & qu'elle tourne toujours au détriment du ſervice.

Si à tous ces principes fondamentaux, l'Intendant veut joindre une extrême application à reconnoître par ſes yeux la topographie de ſa Généralité, la nature du terrein & le plan de chaque chemin, le cours de chaque riviere, les cauſes de leurs débordemens, la ſituation des lieux qui contiennent des carrieres célebres, le local des paſſages où il ſeroit néceſſaire de conſtruire des Ponts. S'il veut s'informer des quottités des péages qu'on y perçoit, par la lecture des Pancartes qui doivent y être attachées; examiner à quelles charges ils ſont ſujets, & ſavoir ſi elles ſont exactement acquittées; s'en faire rapporter les titres, en ſuſpendre proviſionnellement l'effet s'il les juge illégitimes, & dans ce cas en faire prononcer la suppression par le Conseil. S'il cherche à découvrir dans chaque Ville & dans chaque Village, les hommes les plus dignes de sa confiance, pour les charger de lui donner des avis relatifs à l'exécution des travaux, ou d'y exercer quelqu'emploi, il se rendra aussi célebre qu'utile dans cette partie interessante, & l'honneur qu'il y acquerra, le dédommagera de ses peines. Le bien qu'on fait au public ne meurt jamais & porte toujours avec lui sa récompense, quand elle ne consisteroit que dans la satisfaction intérieure de l'avoir procurée; avantage d'autant plus précieux à l'homme de bien, qu'il est à couvert des traits de l'envie.

CHAPITRE IV.

Des Tréſoriers de France.

CES Officiers ſortent d'une illuſtre tige; mais on peut les mettre à la tête des plantes qui ont le plus dégénéré.

Il n'y eut d'abord qu'un ſeul Tréſorier général de France (*a*), Chef-Ordonnateur des Finances du Royaume, qui s'appelloit le *Grand Tréſorier de France*; c'étoit l'un des quatre Offices de la Couronne, formé du débris de la Charge de Maire du Palais; ſavoir, le Connétable, le Chancelier, le Grand-Tréſorier, & le Grand-Maître. Cet ordre ſubſiſta juſqu'à Philippe de Valois, qui érigea un ſecond Tréſorier géné-

(*a*) Loyſeau, Traité des Offices, liv. IV. ch. II.

ral de France ; Charles V, un troisieme ; Charles VI, un quatrieme ; & ce nombre de quatre ne fut point augmenté jusqu'au regne de Henri II, qui en créa seize tout-d'un-coup, en leur réunissant les Offices des seize Généraux des Finances qui avoient été formés auparavant. Ce nombre de seize répondoit à celui des Receveurs généraux des Finances, que François I avoit établis pour les seize Provinces dont le Royaume étoit alors composé ; ensorte que chacun d'eux eut pour Ordonnateur, un Trésorier de France, Général des Finances, titre qui leur est toujours demeuré. Delà les Provinces ayant pris le nom de Généralités, on créa par la suite, dans chacune, un Bureau, c'est-à-dire une compagnie complette de dix ou douze Trésoriers de France, Généraux des Finances, & ce nombre s'est successivement accru dans chaque Bureau, à mesure que les besoins de l'Etat ont forcé le Gouvernement de recourir à cette voie d'emprunt, également onéreuse à l'Etat & aux Titulaires.

Il n'est pas de mon sujet de pousser plus loin l'histoire de la décadence de ces Officiers. Il me suffira de dire que par l'institution d'un Surintendant & de plusieurs Intendans des Finances, faite par François I; enfin par celle d'Intendant de Justice, Police & Finances dans toutes les Généralités; d'Ordonnateurs de fonds qu'étoient les Trésoriers de France, ils sont devenus simples ordonnateurs de forme, très subordonnés dans toutes les parties dont la Jurisdiction leur est restée. Dès 1508, ils connoissoient de la Voirie, par un Edit du mois d'Octobre, qui la leur attribua. François I la leur ôta par l'Edit de Cremieu du mois de Juin 1536. Il eſt certain qu'ils l'avoient en 1609. Louis XIII la leur confirma par Edit du mois d'Avril 1627, après avoir réuni à leurs Offices, au mois de Février 1626, celui de Grand-Voyer de France, qui avoit été créé au mois de Mai 1599 ; & depuis elle leur a été conſtamment réſervée, mais en premiere inſtance, reſſortiſſante aux Parlemens : enſorte que jouiſſant, principalement à Paris, de tous les Privileges des Cours ſupérieures, non-ſeulement il n'eſt pas reconnu qu'ils en aient le Tribunal ; mais ils ſont toujours traités, dans les Edits burſaux, comme ne l'ayant pas. Je traiterai ailleurs cette queſtion. D'un autre côté, par la réunion de la charge de Grand-Voyer, & par leur inſtitution primitive en corps d'Officiers, ils avoient le droit d'ordonner les ouvrages neufs &

d'entretien, tant du Pavé de Paris, que des Ponts & Chaussées, & d'en faire payer les adjudications sur leurs mandemens. Ce pouvoir a été restraint, ainsi que les autres, à la seule formalité, avec cette difference que sur les contestations qui s'élevent entre particuliers, à l'occasion des ouvrages ordonnés par le Roi, leurs Ordonnances ressortissent nuement au Conseil. Sa Majesté a bien voulu encore, pour les consoler en quelque façon d'avoir été dépouillés de leurs plus grandes prérogatives, commettre des Députés de leur Corps, qui peuvent être regardés comme des simulacres de leur ancienne autorité, tant ppour l'imosition des Tailles, & pour l'inspection du Domaine royal, que pour la direction des Chemins. Leur Compagnie jouit aussi; mais à Paris uniquement, de l'attribution d'adjuger les ouvrages, à moins qu'il ne plaiſe au Gouvernement de les faire adjuger au Conſeil.

Ainſi dans la Généralité de Paris, il y a un Tréſorier de France, Commiſſaire du Conſeil pour la direction du Pavé de Paris, & quatre pour l'inſpection des Ponts & Chauſſées. L'établiſſement de ces derniers ne tire ſa date que du tems de la Régence. Le Roi s'en rapportoit auparavant à la Compagnie, qui députoit elle-même quatre Officiers du ſemeſtre pour aller viſiter les travaux. C'étoit alors une véritable corvée pour eux, parceque les atteliers, quelque peu qu'il y en eut, étant épars & fort éloignés de la réſidence, il leur en auroit trop coûté, ſi leur viſite eut été réguliere. Il falloit donc, ou que cette inſpection fût très négligée, ou qu'elle ſe fît aux dépens de ceux qui en étoient chargés, à quoi le

Gouvernement trouva juste de pourvoir. Aujourd'hui les nouveaux Commissaires font régulierement leur tournée tous les ans, suivis de l'Ingénieur de leur Département, pour projetter les ouvrages à faire, & pour recevoir ceux qui sont faits. Ils exercent la Police sur les chemins ; ils écoutent les plaintes que les Particuliers veulent leur porter, soit contre d'autres Particuliers, soit contre les Officiers & les Ouvriers des Ponts & Chaussées. Ils reçoivent les representations qu'on veut leur faire, & rendent compte du tout au Commissaire Général.

A l'égard des autres Généralités, il n'y a dans chacune, comme je l'ai déja dit, qu'un Tresorier de France Commissaire du Roi, qui doit proceder conjointement avec l'Intendant, à l'imposition de la Taille, & à l'adjudication des ouvrages ordonnés, tant pour le Domaine, que pour la réparation des chemins; mais ils aſſiſtent ſi rarement à celles-ci, qu'à peine en pourroit-on citer des exemples. C'eſt grand dommage qu'une ſi bonne inſtitution demeure ſans fruit, & que des Officiers dont on pourroit tirer de grands ſervices, moiſiſſent dans l'oiſiveté, jouiſſant de leur état, comme d'une Cure à portion congrue, ſans charge d'ames. L'ami des hommes regarde bien ſenſément ceux qui ne font rien, comme des chenilles qui rongent l'Etat. Il eſt vrai que l'herbe eſt très courte pour celles-ci.

Il ſeroit honteux à un Tréſorier de France d'ignorer les réglemens, qui conſtituent ſa juriſdiction, & ſur leſquels il a tous les jours à déliberer. Auſſi ne doit-on préſumer cette ignorance dans aucun; mais il eſt à ſouhaiter qu'ils qu'ils apprennent tous la valeur des termes de l'art, pour en faire de justes applications; qu'ils entendent clairement les conditions d'un Devis, pour juger si elles sont exactement remplies; car enfin si le rapport de l'Expert met absolument les Commissaires à couvert du reproche d'un Supérieur, il ne peut les tranquilliser sur celui que leur honneur & leur conscience devroient leur faire, si par ignorance ils avoient lâchement déféré à un avis injuste.

CHAPITRE V.

Du premier Ingénieur ; des Inspecteurs généraux, Ingénieurs en chef, Sous-Inspecteurs, & Sous-Ingénieurs des Ponts & Chaussées.

AVANT le ministere de M. Desmaretz, le Public ignoroit, je crois, que les Ponts & Chaussées formassent le département d'une matiere d'Etat. On entretenoit à la vérité une espece d'Ingénieur dans la Généralité de Paris, & cette Place étoit confiée à un Religieux frere laïc, qui, de sa cellule, donnoit les receptions d'œuvre sur les périlleux certificats des Curés de Campagne de sa connoissance. M. Desmaretz fit commettre, en 1710, onze Architectes, sous le titre d'Inspecteurs des

Ponts & Chaussées du Royaume, qui avoient effectivement le droit d'instrumenter dans toute son étendue, & vingt-deux Ingénieurs, conformément au nombre des Généralités. Par-là chaque Inspecteur devoit, tous les ans, visiter deux Provinces; mais cet arrangement péchoit essentiellement en deux points : l'un, par l'insuffisance commune des appointemens & frais de voyage qu'il fixoit, tant aux Inspecteurs, qu'aux Ingénieurs; l'autre, par l'égalité du salaire des premiers. Etoit-il juste, en effet, que l'Inspecteur, à qui le sort ou le choix avoit départi les Provinces méridionales, ne fût pas payé sur un pied plus haut, que celui à qui la Picardie & le Soissonnois étoient échus? aussi leurs courses ne furent-elles jamais longues. Cet établissement supprimé en 1716, fut réduit en 1721, à celui d'un

Inſpecteur général, un premier Ingénieur, & trois Inſpecteurs des Ponts & Chauſſées de France, avec un Ingénieur en chef dans chaque Généralité. Ces deux premiers Officiers étoient comme le Conſeil de la Direction. La Généralité de Paris fut départie aux trois autres, & on leur en adjoignit un quatrieme en 1722, par la ſuppreſſion qui fut ordonnée de l'Ingénieur particulier de cette Généralité.

L'adminiſtration actuelle a refondu & infiniment étendu ces établiſſemens, en réuniſſant la place d'Inſpecteur général à celle de premier Ingénieur, & en donnant le titre de Généraux à cinq Inſpecteurs, dont j'ai eu occaſion de parler dans les Chapitres précédens, & auxquels elle a réparti l'inſpection de tous les chemins du Royaume. Chacun d'eux parcourt tous les ans le nombre de

Provinces qui lui ſont échues par le partage. Je ſerai obligé de répéter ici pluſieurs circonſtances que j'ai déja touchées; mais il en réſultera plus de clarté.

Les projets des Ponts du premier ordre, ſont dévolus au premier Ingénieur. Ceux de la ſeconde claſſe, aux Inſpecteurs généraux; & ceux de la troiſieme, aux Ingénieurs des Provinces; ce qui eſt reglé par le prix des Ouvrages.

Il y a un Ingénieur en chef dans chaque Généralité; quelquefois deux & plus, quand elles ſont trop vaſtes, comme Paris & Grenoble.

Chaque Ingénieur eſt aidé par pluſieurs Sous-Inſpecteurs deſtinés à remplir les places de Chef, qui viennent à vaquer. On leur donne même quelquefois le titre d'Ingénieur, quoiqu'ils n'aient pas encore de Département; mais ces cas ſont rares, & n'arrivent qu'en faveur de quelques Sujets diſtingués par leur mérite & par l'ancienneté de leurs ſervices.

Outre les Sous Inſpecteurs, on emploie dans chaque Département autant de Sous-Ingénieurs, que le nombre & l'étendue des atteliers en demande : & enfin des Eleves, qui, après avoir fait preuve de capacité ſur la théorie, ſont envoyés ſur les travaux pour s'inſtruire dans la pratique.

Chacune de ces claſſes, en commençant par la derniere, eſt immédiatement ſubordonnée à celle qui la précede. L'Ingénieur en chef les commande ſuivant leur rang, en l'abſence de l'Inſpecteur général. Dès que celui-ci paroit, il donne les ordres : ce qui eſt conforme à la diſcipline militaire ; avec cette différence, que le commandement dans celle des Ponts & Chauſſées, n'influe absolument que sur le service, & ne peut nuire ni à l'honneur, ni à l'avancement des sujets Le Tribunal où on les juge, est ouvert à tous, & si un Ingénieur en chef, ayant pris en haine un Sous-Inspecteur, vouloit l'opprimer, il hâteroit peut-être sa fortune : tout au moins on entendroit le subalterne, & si son ennemi avoit tort, on en feroit raison à l'offensé ; tant on est imbu, dans ce Département, de la maxime équitable, qui veut que la répartition de l'autorité ne multiplie pas le triste pouvoir d'humilier les hommes, ou de leur faire d'autres maux.

Je suis réellement fâché que l'Ami des hommes ait donné lieu de penser qu'il en établiroit de toutes opposées, s'il en étoit le maître. » Un Gouvernement, » dit-il (*a*), aussi auguste que le

(*a*) III. Partie, page 169.

» nôtre, n'a besoin de tenir notes
» que des Chefs «. Mais je lui demande d'abord, ce que fait, au choix des Chefs, la majesté du Gouvernement, par lequel on ne peut entendre, à l'égard de la Monarchie, que le Roi? C'est sa sagesse, & non sa dignité, qui lui dicte ce choix. Heureux quand il peut en faire un seul qui lui réponde de la bonté de tous les autres. Ce Chef est, à son égard, le premier sous ordre de son Gouvernement, & l'Ordonnateur de tous les sous-ordres inférieurs qui, à leur tour, sont chefs d'autres sous-ordres; & cette dégradation continue jusqu'à la derniere classe des sujets, dont l'unique partage est l'obéissance; mais dont la conservation est d'autant plus chere au Souverain, que c'est véritablement elle seule qui agit dans tous les ordres de la Monarchie.

Supposons donc que ce premier Chef *ne tienne notes* que des ſeconds; les ſeconds des troiſiemes, & ainſi de ſuite: certainement l'arrangement ſera le meilleur que l'eſprit humain puiſſe concevoir, pourvu qu'il ſe ſoutienne juſqu'au dernier grade; mais s'il s'arrête à l'un des points intermédiaires, & » qu'il s'en » rapporte à lui des détails, *du* » *ſoin de choiſir les ſujets, & de* » *celui de les employer* «, je dis que tout eſt perdu; parceque les ſous-ordres inférieurs, n'ayant plus d'autorité ſur leurs ſubalternes, ſeront hors d'état de les contenir, & qu'ils deviendront eux-mêmes les victimes de toutes les paſſions du Chef, qui diſpoſera des détails. Non, répondra l'Ami des hommes, puiſque ce Chef doit rendre compte à celui auquel il eſt ſubordonné; mais je repliquerai que dans la plûpart des Etats cette ſubordination eſt fixée au grade,

& ne s'étend point aux détails; outre qu'il résulte de l'hypothese, que le Supérieur du Chef chargé de ces détails, ne doit point s'en faire rendre compte, ni écouter les plaintes des inférieurs, ce qui me paroît une maxime de la plus haute injustice, & de la plus grande cruauté. Je ne conclus pas pour cela du principe contraire, qu'il faille autoriser » les Subalternes (*a*) à correspondre habi-tuellement avec la Cour «. Mais je dis qu'ils doivent avoir un accès libre & sûr au Tribunal du Supérieur immédiat de celui qui leur a fait injure, & que s'ils n'y sont pas écoutés, ils ont droit de remonter de degré en degré, jusqu'au premier Chef, dépositaire de l'autorité royale. J'ajoute que ce premier Chef ne peut *tenir notes* de ces sous-ordres, qu'autant qu'il entrera dans quelques

(*a*) *Ibid.* p. 168.

détails relatifs à ſon rang & à leurs fonctions. Par où, ſans cette précaution, le Cardinal de Richelieu auroit-il découvert, & rompu tant de trames ? M. de Sully réprimé tant d'abus ? M. de Louvois formé de ſi grands Généraux ? & M. Colbert tant de Savans dans tous les genres ? Sans cette ſage correſpondance, bien differente de l'eſpionnage ; ſans ce *Regiſtre ſybillin*, qui, ſelon moi, ne doit contenir que des vertus & de belles actions, & qui ne doit être tenu que par des hommes du premier ordre dans leur genre ; tout le génie des Miniſtres que je viens de citer, n'auroit fait que blanchir contre l'hypocriſie, l'ambition & l'avarice de tant de chefs & de ſous-chefs, qui ne cherchent qu'à s'avancer & à s'enrichir aux dépens du commun.

Les ſuites du *mitte ſapientem*,

sont destructives de toute hiérarchie, quand ce conseil, mille fois plus facile à donner qu'à suivre, laisse la porte ouverte à l'injustice, & autorise l'impunité de celui qui la commet. Il me rappelle le bon mot d'un Ministre de nos jours, qui, très versé dans la dialectique, disoit qu'en matiere de Gouvernement, presque tout le monde savoit faire des majeures : pour des mineures, ajoutoit-il, rien n'est si rare. Je ne doute pas que si l'Ami des hommes avoit été informé de cette remarque, il n'en eût profité en faisant à son précepte un leger changement. Il auroit écrit : *Pone sapientem qui parem mittat*. Alors la conséquence du bon choix auroit découlé de son principe, & auroit conduit tout naturellement l'Auteur à sa conclusion, qui est que, *par parem quærit*. Ceci, au surplus, est une dissertation que je soumets à ſon jugement, & non une vaine digreſſion, ni un écart de mon ſujet, puiſque la ſolidité des maximes que j'ai préconiſées, ſe juſtifient par la rectitude du choix que le Gouvernement a fait du Sage qui la démontre, en ne remettant à ſes ſous-ordres que la portion d'autorité dont ils ont beſoin pour faire remplir les devoirs, & non celle qui pourroit nuire aux perſonnes.

Le premier Ingénieur & les Inſpecteurs généraux réſident à Paris, pour être toujours à portée de recevoir les ordres de ce Magiſtrat, à moins qu'ils ne ſoient en tournée. Ils s'aſſemblent, je l'ai déja dit, une fois la ſemaine, chez lui, avec les Commiſſaires du Bureau des Finances, les Treſoriers Généraux, & autres Officiers du Département. Là, chacun rend compte des ordres qu'il a reçus la ſemaine précédente, &

en reçoit de nouveaux. S'il y a des repréſentations à faire, des doutes à lever, des difficultés à expliquer, on les expedie.

On examine enſuite les grands projets, qui ont déja ſubi l'examen préparatoire, ſoit du premier Ingénieur, ſoit des Inſpecteurs généraux. Chacun eſt invité à dire ſon avis, ſans diſſimulation, & ils s'y portent tous avec zele pour l'honneur de leur profeſſion, & par amour pour le Bien public. S'il y a partage dans les avis, on écrit de part & d'autre: les objections & les réponſes ſont diſcutées à loiſir, & quand tous les doutes ſont applanis, le projet eſt approuvé avec les reſtrictions & modifications qu'on a jugé à propos d'y mettre. Si, après tant de précautions, il ſurvient aux ouvrages quelqu'un de ces accidens enfantés par une belle émulation; c'eſt que la prudence humaine ne peut tout prévoir, ou qu'elle est souvent trompée dans l'exécution de ses ordres, par les miseres de l'humanité. Est-il, dans la plus sage politique, une partie à laquelle cet évenement ne soit pas commun?

Pour être élevé au grade de premier Ingénieur, ou d'Inspecteur général, il faut avoir une réputation parfaitement établie sur une longue expérience, & sur des preuves constantes de capacité & d'intégrité. Quelque probleme qu'on propose sur la construction, un Inspecteur général doit le résoudre sur le champ, par les principes de l'art, & par les differentes applications qu'il en a faites.

Ils sont, pour la plûpart, également versés dans l'architecture civile, dont les deux regles sont communes aux deux genres; mais dont le goût, ni les distributions ne se ressemblent pas; & il est à souhaiter, pour le bien public, que les Ingenieurs des Ponts & Chaussées ne négligent point celle-ci. L'illustre Magistrat qui les gouverne, est plus pénetré que personne de cette vérité; aussi a-t'il considéré comme un objet digne de sa prévoyance, d'attacher à l'Ecole qu'il entretient, les plus savans Maîtres en architecture civile. Ils y forment les Eleves par leurs préceptes & par l'étude des grands modeles qu'ils leur donnent à imiter. On est quelquefois surpris jusqu'à l'admiration, de voir sortir du génie des apprentifs, des idées qui feroient honneur aux Architectes les plus célebres. Eh! quelle gloire ne reviendra-t'il pas à la Nation, d'avoir, dans toutes les parties d'un Royaume si étendu, des hommes propres à élever, tout-à-la-fois, des Ponts, des Digues & des Acpaqueducs ; des Temples, des Palais, des Places publiques, des Fontaines, & tous les autres Edifices capables d'exciter le respect des Etrangers, en faisant admirer la puissance & la sagesse du Monarque qui protege si hautement les Sciences & les Arts. Personne n'ignore à quel degré de gloire ce genre de magnificence a élevé les Romains.

Lorsqu'un Inspecteur général se met en tournée, il donne rendez-vous à l'Ingenieur en chef, dont le département se trouve le premier sur sa route. Ils le parcourent ensemble, & il fait ses observations à cet Ingenieur, sur l'état où il trouve les anciens & les nouveaux Ouvrages. S'il y découvre des défauts, il en indique la correction.

Il seroit, je crois, difficile d'imaginer un établissement plus utile dans son genre, ni une adminiſtration plus ſage, plus éclairée & plus méthodique. Tout ce qu'on en pourroit craindre, ce ſeroit qu'à force de la perfectionner, on ne la rendît trop chere par la multiplication des ſous-ordres. L'amour du commandement ſe gliſſe avec tant de facilité dans le cœur humain, qu'il ne ſeroit pas ſurprenant que les Ingenieurs en chef fuſſent trop dociles à cette voix flatteuſe, en demandant plus de Sous-Inſpecteurs & de Sous-Ingenieurs que le ſervice n'en exigeroit, s'ils vouloient travailler eux-mêmes, & moins ſe répandre dans le monde.

Ces réflexions ne peuvent avoir échappé à un génie auſſi perçant que celui qui preſide au détail; mais il ne ſauroit voir que dans la ſpeculation du cabinet, à laquelle il eſt ſi facile d'en impoſer; au lieu que j'ai ſouvent reconnu, de mes propres yeux, la vérité de ce que j'annonce, ſurtout depuis que le luxe a rendu le plaiſir ſi cher & ſi dangereux. Jamais la regle du *ne quid nimis*, n'eut une plus juſte application qu'au ſujet qui a excité mon innocente cenſure. Je dis très innocente, parcequ'elle ne regarde perſonne en particulier.

CHAPITRE VI.

Des Tréſoriers généraux & particuliers des Ponts & Chauſſées.

IL y a deux Treſoriers généraux des Ponts & Chauſſées, qui reſident à Paris, & un Treſorier particulier dans chaque Généralité. Je n'entrerai pas dans un long détail au ſujet de ces Comptables. Il me ſuffira de dire qu'ils ont éprouvé, comme tous les autres, en divers tems, différentes ſuppreſſions & révocations. Que la finance des uns & des autres étoit peu conſidérable à leur origine, parceque le fond de leur recette étoit fort modique. Qu'en 1713, les premiers furent mis ſur un plus haut ton, & qu'enfin leurs Charges ſont parvenues au niveau des plus conſiderables. Celles des Treſoriers Provinciaux ont auſſi acquis un accroiſſement proportionnel par les ſupplémens de finance qu'on leur a fait payer en 1743 & en 1758, au moyen de quoi les unes & les autres peuvent répondre de leur maniement.

CHAPITRE VII.

Pavé de Paris.

J'AI observé, en parlant des Tresoriers de France, (Chap. IV) qu'ils dirigeoient anciennement seuls le Pavé de Paris. Ils se servoient alors pour l'indication, la conduite & la reception des Ouvrages, d'un Expert en titre d'Office fort ancien, attaché au corps de la Maçonnerie, nommé *Maître des Oeuvres.* Il y eut ensuite des Contrôleurs du Barrage créés par Edit du mois de Mars 1636, auxquels, outre les fonctions de contrôler les Quittances du Trésorier, on avoit imposé la Charge de veiller à l'entretien des Rues, de visiter les Pavés neufs, & d'assister à la reception des Ouvrages; tant fut grande dans tous les siecles l'avidité des Traitans, qu'après avoir mis à prix d'argent la science des loix, & la distribution de la justice, elle a fait entrer les Arts dans les tarifs de la vénalité, comme si l'on pouvoit acheter les talens. M. Colbert avoit trop de génie, pour ne pas sentir à quels abus un pareil desordre tendoit : il fit révoquer tous ces Offices par Edit du mois d'Août 1669, & commit un Architecte pour l'indication & la conduite des Ouvrages de Pavé. Il y a même toute apparence qu'il ne trouva pas que la Police y fût maintenue de la part des Tresoriers de France avec une attention digne de leur état, puisque sur le rapport qu'il en fit au Roi, Sa Majesté s'en expliqua dans des termes qui autorisent cette opinion, par deux Arrêts qu'elle rendit en son Conseil les . . . . .

. . . .

elle commit, par le dernier, l'un des Tresoriers de France, pour avoir, ſous les ordres de ce Miniſtre & les inſtructions d'un Intendant des Finances, la direction génerale du Pavé. Cette nouvelle forme la mit ſur un meilleur ton; mais elle déchut encore en 1695, par le rétabliſſement des Contrôleurs; & on l'attaqua plus vivement en 1708, par la création d'un Inſpecteur en titre d'Office, auquel on attribua dans cette partie toutes les fonctions de l'Architecte, ſans exiger que le Titulaire fût de la profeſſion. La faveur qui enfanta ce petit monſtre de finance, le défigura par des traits encore plus marqués, en lui conférant le droit de procéder à ſon inſpection, *conjointement* avec le Commiſſaire, & celui d'*avoir ſéance* dans l'Aſſemblée des Treſoriers de France, au Bureau qu'ils tenoient chaque ſemaine, pour les affaires du Pavé. On ne penſe pas que l'ordre judiciaire ait jamais été violé plus indignement, & l'on ne conçoit point que cette Compagnie n'ait pas fait dans le tems les plus vives repréſentations contre une injure ſi marquée, qui ne pouvoit être que le fruit de la ſurpriſe; ou que ſi elle en fit, elles n'aient pas été favorablement écoutées. Je ſerois cependant fâché qu'on pût m'accuſer de vouloir moi-même, par cette réflexion, témoigner du mépris aux Experts, & principalement à ceux qui ſont commis par le Roi; mais ils ne doivent point s'offenſer ſi je ſoutiens la ſubordination que les loix ont miſe entr'eux & les Magiſtrats, ni qu'en admettant qu'un Juge peut être ami d'un Expert qui procede ſous ſes ordres, je prétende que l'ordre ſeroit bleſſé, s'ils étoient peres &

compagnons

compagnons. Les choſes étoient néanmoins encore en cet état, en 1727, lorſqne l'arrangement & la réformation générale du Département furent entrepris ; & l'on n'y regarda pas comme un des moindres objets de cette réforme, la néceſſité de corriger un abus qui troubloit l'ordre, & préjudicioit ſenſiblement au ſervice. L'Inſpecteur & les quatre Contrôleurs du Pavé de Paris furent ſupprimés par Edit du . . . . A leur place on fit commettre un Ingénieur en chef, à l'inſtar des Inſpecteurs généraux des Ponts & Chauſſées, & on établit ſous lui quatre Sous-Inſpecteurs de l'art pour viſiter ſans ceſſe le Pavé de Paris, diviſé en quatre quartiers, avec les Banlieues qui en dépendent. Ils veillent en même-tems ſur les contraventions, & ſont tenus d'en dreſſer leurs rapports pour les remettre

F

au Commiſſaire. Cet Officier donne pareillement, ſur les rapports de l'Inſpecteur, l'alignement des maiſons & murs de clôture qui aboutiſſent, ou qui ont leur face ſur les grands Chemins de la Banlieue : mais ſes fonctions ne s'étendent pas aux maiſons de la Ville, ni à celles des Fauxbourgs de Paris. Ces derniers alignemens ſont réſervés au Bureau des Finances.

C'eſt ici le lieu de dire que par Edit du mois de Mars 1693, portant union de la Chambre du Treſor au Bureau des Finances, le Roi créa quatre Commiſſaires de la grande & petite Voirie, pour ſa Capitale. Par la grande Voirie, on entend les alignemens des maiſons pour leſquels ces Commiſſaires ſervent d'Experts. La petite Voirie conſiſte dans l'exécution des Reglemens rendus en divers tems, pour empêcher les particuliers d'anticiper sans permiſſion ſur la voie publique, par des bornes, ſeuils, ou autres corps faiſant ſaillie ; & pour prévenir les accidens qui pourroient arriver, ſi chaque Propriétaire avoit la liberté d'y élever à ſon gré des balcons, auvens, enſeignes, &c. La juriſdiction & la police de l'une & de l'autre de ces Voiries appartiennent auſſi aux Treſoriers de France ; & quoiqu'elles ſoient diſtinctes de l'adminiſtration du Pavé, j'en parlerai relativement à la largeur des rues, qui dépend de l'alignement des maiſons, & intéreſſe par conſéquent la ſureté & la commodité des Habitans, de même que la facilité du commerce. Si depuis un ſiecle il a paru au Gouvernement qu'il fût eſſentiel de commettre un Tréſorier de France permanent, pour la direction générale du Pavé de Paris, combien n'étoit-il pas plus essentiel d'en établir un, pour donner les alignemens des maisons sur les rapports d'un habile Architecte, uniquement attaché à cet emploi? Ne devoit-on pas prévoir qu'en laissant cette direction à des Commissaires que le Bureau des Finances nommeroit à tour de rôle, ils ne seroient pas tous également exacts & intelligens, & que les mêmes causes auxquelles on imputoit le dépérissement du Pavé de Paris, n'influeroient que trop sur les alignemens dont la conduite est tout autrement difficile, & porteroient enfin des coups mortels à la décoration de cette Capitale, objet si précieux au Gouvernement. L'expérience a fait voir plus d'une fois que cette prévoyance eût été sage; mais on a plus fait que d'y manquer. Il semble qu'on ait travaillé à mettre des obstacles au redressement des rues, en multipliant les inspections qui doivent y veiller, & en les remettant à des autorités indépendantes. Je traiterai cet article à fond, dans la troisieme Partie de cet Essai. Je reviens au Pavé.

Pour la dépense des ouvrages de ce Département, il y a un Trésorier général dont la recette est assignée sur le produit du barrage, & dont l'exercice est en tout pareil à celui des Tresoriers généraux des Ponts & Chaussées, si ce n'est qu'il n'y a qu'un seul Titulaire.

CHAPITRE VIII.

Turcies & Levées.

IL y auroit de quoi faire un volume de ce Chapitre ſeul, ſi l'on vouloit en traiter à fond la Partie hiſtorique, dont quelques traditions populaires font remonter l'origine juſqu'aux Romains. Mais ſans chercher à pénétrer dans une antiquité ſi reculée, il ſuffira de dire que dès le regne de Charlemagne, l'entretien & la conſtruction des Turcies & Levées occupoit le Gouvernement, comme un des principaux objets de la Police œconomique; d'où l'on doit préſumer que cet ouvrage immenſe étoit déja très ancien, puiſqu'il faiſoit partie de ceux qui étoient ſoumis à la loi commune, tels que les Ponts

& les Chemins. *De aggeribus juxta Ligerim faciendis, ut bonus Miſſus eidem operi præponatur*, dit cet Empereur dans ſes Capitulaires, *lib. 4. cap.* 10. Auſſi voyons-nous que nos Rois de la troiſieme race donnerent une attention ſuivie aux Digues célebres dont il s'agit, à meſure qu'ils reprirent leur autorité uſurpée, & qu'ils rétablirent l'ordre, en proportion des lumieres que chaque ſiecle acqueroit.

François I les mit ſous l'inſpection directe d'un Officier, qu'il créa tout exprès, avec le titre d'*Intendant des Turcies & Levées*, qui ſubſiſte encore aujourd'hui, ſans aucun changement; mais il faut convenir qu'en inſtituant cette Charge pour de bonnes fins, on oublia d'en aſſujettir le Titulaire à l'acquiſition des talens dont il auroit beſoin, & qui ſeroient d'autant plus utiles, qu'il y a peu de matieres dans l'administration intérieure de l'Etat, plus dignes d'une attention sérieuse par l'importance & la difficulté de la manutention.

Dans l'ordre général que M. Colbert entreprit de rétablir, ce grand Ministre ne négligea pas un objet si précieux. Il réforma les abus de l'ancienne Régie, & procura plusieurs Réglemens qui la rendirent plus exacte & plus réguliere. Jusqu'à lui les Intendans des Turcies & Levées, accompagnés de deux Contrôleurs en titre d'Office, & aussi dépourvus que lui des connoissances de l'art, indiquoient & adjugeoient les Ouvrages. Les Officiers des Elections assistoient aux adjudications dont ils gardoient les minutes, & percevoient des droits considérables sur les Adjudicataires. Enfin les Receveurs des Tailles, qui remettoient directement aux Tréſoriers les fonds impoſés pour les travaux, ne s'en deſſaiſiſſoient qu'à la derniere extrémité. M. Colbert fit commettre un Ingénieur pour dreſſer les Devis, & en ſuivre l'exécution. Il regla & diminua conſidérablement les droits des Elus, & fit rentrer à tems les fonds deſtinés à la dépenſe, enſorte que les Adjudicataires furent payés aux termes de leurs Baux. Après lui cet ordre ſe ſoutint en apparence; mais des abus plus conſidérables ſubſiſterent & s'accrurent par la malverſation & par l'ignorance. Les ouvrages étoient auſſi mauvais & auſſi chers que mal ordonnés. L'autorité des Intendans, trop grande ſur cette partie, puiſqu'elle alloit juſqu'à intervertir la deſtination des fonds, & à l'appliquer à des uſages particuliers, étoit en même-tems, comme elle l'eſt encore, trop bornée sur la police, & par conséquent trop méprisée pour être d'aucune utilité. Je ne crois pas que cette Régie, malgré les corrections qu'on y a faites, depuis trente ans, soit encore sans défaut. Je proposerai respectueusement dans la suite les changemens dont je pense qu'elle pourroit tenir son salut.

Dans son état actuel, il y a deux corps d'offices d'Intendans réunis sur la tête d'un seul Titulaire. Son exercice s'étend par conséquent sur tout le cours de la Loire, de l'Allier & du Cher.

Deux Contrôleurs aussi en titre, qui assistent à la visite des ouvrages & aux adjudications que fait l'Intendant.

Un premier Ingénieur qui préside à la conduite de tout le Département.

Deux Ingénieurs en chef, l'un pour la partie supérieure, depuis

Orléans jusqu'à Moulins ; l'autre pour la partie inférieure, depuis Orléans jusqu'à Angers.

Plusieurs Sous-Inspecteurs divisés dans ces deux Départemens, pour veiller sur les ouvrages, & pour être plus à portée de remédier aux accidens subits qui surviennent dans les crues d'eau.

Enfin un Trésorier général qui reçoit directement des mains des Receveurs généraux, & qui paie sur les Ordonnances de l'Intendant. Si l'on ne connoissoit pas l'esprit de la Finance, on auroit peine à croire qu'encore que cet arrangement de recette eût été pris dès le ministere de M. Desmaretz, & que par-là il n'en fût plus dû aucunes taxations aux Receveurs des Tailles, on n'avoit pas laissé d'employer ces taxations à leur profit, dans les états des Turcies & Levées, jusqu'à la réforme de 1727, tems où elles furent rejettées.

L'opération la plus utile, qui jamais ait été faite pour la direction de ce Département, est une Carte générale des lits de la Loire, du Cher & de l'Allier, qui fût levée, pour la premiere fois, en 1730. Elle est subdivisée en autant de Plans, qu'il y a de Cantons désignés par les Etats du Département, & tous les ouvrages dont les bords de ces Rivieres sont revêtus, y ont été si clairement dessinés, qu'on en distingue facilement les différens genres & les dénominations. On ne conçoit pas comment il étoit possible, sans ce secours, de juger dans l'intérieur du cabinet, de la nécessité des Ouvrages proposés. Quand les Ingénieurs auroient pû fournir dans tous les cas, autant de Plans particuliers qu'ils auroient conçu de projets, quelle idée auroit-on tirée de ces desseins isolés, dans une espece où il est rare qu'ils n'influent pas les uns sur les autres par leur direction? Aussi paroit-il qu'on s'en rapportoit à l'aveugle indication des Intendans, surtout depuis que l'un d'eux se voyant très accrédité sous le regne de Louis XIV, s'étoit emparé de la confiance du Gouvernement. Il donnoit ses avis comme autant d'oracles, dans la certitude de n'être jamais contredit, & abusoit, ainsi ouvertement, du silence que les loix ont gardé sur le vol de la réputation.

Fin de la premiere Partie.

ESSAI SUR LA VOIRIE,

ET LES

PONTS ET CHAUSSÉES DE FRANCE.

SECONDE PARTIE.

DES OUVRAGES NECESSAIRES à la réparation des Chemins, & des moyens par lesquels on peut la procurer.

CHAPITRE PREMIER.

Des différentes largeurs des Chemins.

NOUS devons à la terre toutes les productions qui servent à satisfaire nos beſoins ; mais en vain le travail la forceroit-il à produire, s'il ne donnoit à l'induſtrie les moyens de préparer ſes fruits, & de nous en procurer la jouiſſance. Ce n'eſt pas aſſez d'avoir ſemé, moiſſonné, cueilli, coupé des bois, fouillé des mines, &c. il faut que toutes ces richeſſes arrivent aux lieux où, par un nouveau travail, elles peuvent, en recevant la forme, devenir propres à notre uſage. Ces différens trajets feroient impoſſibles ou ruineux, ſans la facilité des Chemins. La navigation feroit un art inutile, ſi les matieres qu'elle emploie & qu'elle tranſporte, ne pouvoient être rendues de l'intérieur des terres, aux differens ports de conſtruction, & d'embarquement. Il n'y a donc rien, après l'agriculture, de ſi eſſentiel ou de plus indiſpenſable pour un Etat, que la commodité & la ſureté des Chemins, puiſque la ſubſiſtance, le vêtement, la défenſe même de la Patrie en ſont abſolument dépendantes.

Je n'apprens là rien de nouveau, & je ne crois pas que quelqu'un ſoit tenté de nier le principe ni la conſéquence. L'Auteur du Traité de la Population, fonde principalement le ſuccès de ſes projets, pour le défrichement (a) des Landes de Bordeaux, & la vivification (b) du Berri, ſur la confection des Chemins: & ce qu'il y a de remarquable, c'eſt qu'il ne ſe borne pas aux routes; il demande, en politique judicieux, des traverſes & des communications; mais il trouve que dans les autres parties du Royaume, où l'on répond à ſes vœux, par l'empreſſement le plus marqué pour cet objet, le zele va trop loin, &

(a) Part. II. p. 45.
(b) *Ibid.* p. 55.

met tout en Chemins, comme il voudroit lui-même que ſur les Côtes tout fût mis en Ports de Mer (*a*).

Son premier reproche tombe donc ſur ce que l'on fait trop de Chemins. Le ſecond, ſur ce qu'ils ſont trop larges. Le troiſieme attaque les alignemens. Le quatrieme tourne en dériſion la miſérable conſtruction de nos Chauſſées. Et le dernier fronde la chétive qualité des arbres dont les bords des routes ſont plantés. Je tâcherai de répondre ſolidement à tous ces griefs, & de faire convenir celui qui les propoſe, que vraiſemblablement il a confondu la généralité des circonſtances, à laquelle il n'a pas fait aſſez d'attention, ou à quelque eſpece ſinguliere qui l'aura frappé, & qui peut-être ne devoit ſon exiſtence qu'à des cauſes contraires

(*a*) Part. III. p. 12.

à l'esprit de l'administration.

Si je soutenois qu'il ne peut y avoir trop de Chemins dans les différens genres indiqués par nos besoins, peut-être ne serois-je desavoué ni d'aucun habile Négociant, ni d'aucun Propriétaire de terre, ni d'aucun Habitant de la Campagne ; mais comme je ne suis affecté que du bien public, je conviendrai qu'il faut des bornes à toutes choses, & qu'il y a un point milieu, en deça, ni au-delà duquel le bon ne se trouve jamais. Cependant les bornes qu'on pourroit fixer à ce milieu en matiere de Chemins, seroient prodigieusement étendues dans un grand Royaume tel que la France, & aussi commerçant. Pour s'en convaincre, il n'y a qu'à réflechir sur la quantité d'objets qu'ils embrassent. Il en faut pour le Culte divin, un à chaque Village qui n'a point de Paroisse, à chaque

Hameau & à chaque Habitation ſéparée. Il en faut pour le tranſport des fruits de la terre, dans tous les mouvemens qu'ils éprouvent avant d'arriver à leur conſommation intérieure, ou à leur paſſage chez l'Etranger. Quand toutes les voies qu'on leur fait parcourir, ne ſeroient que de la quatrieme ou de la troiſieme claſſe, il n'eſt pas douteux qu'elles n'emportent un immenſe terrein; & ſi l'on y ajoute enſuite les Routes & les Chemins royaux, la comparaiſon de leur ſuperficie à celle de deux Provinces, pourroit bien n'être pas infiniment outrée; mais allât-elle à la valeur de trois, le ſacrifice ſeroit auſſi beau qu'indiſpenſable, parcequ'il ſuppoſeroit une grande population, une merveilleuſe agriculture, un riche commerce; & que ſans ce moyen de le faire fleurir, toute la fertilité de nos Campagnes n'aboutiroit qu'à rendre le Royaume impuissant.

Tout consiste à n'avoir pas de chemins inutiles : oh ! j'en suis d'accord. Supprimons tous ceux de cette espece, mais ne nous y trompons pas. De ce qu'il y a deux routes pour aller de Paris à Lyon, il n'en suivra pas qu'il y en ait une de trop, puisqu'elles exploitent, chacune à part, des païs tout-à-fait différens, & que le lieu où elles aboutissent, est digne de cette dépense, autant que celui d'où elles partent ; bien différentes en ce point de ces routes presque paralleles, dont l'une ne débouche aucun commerce, & n'a jamais eu d'autre objet que celui de la commodité des puissans qui les ont obtenues.

Ajoutons à cette suppression, celle des Sentiers que les Voyageurs, principalement ceux qui courent la poste, osent se frayer au travers des prés & des terres ensemencées ; ce qui ne vient que de la licence des Villageois, qui les ont ouvertes ; & nous serons très sûrs de rendre à l'agriculture, par cette compensation, une partie considérable du terrein que les Chemins nécessaires lui ont dérobée : *cumulata juvant.*

Quoique ces Sentiers ne paroissent rien au premier aspect, nombrez-les dans un territoire ; supputez-en la longueur & la largeur, & vous serez surpris de ce qu'ils coûtent à l'Etat. J'en parlerai dans la troisieme Partie.

Si je ne craignois d'apprêter à rire à quelqu'un de ces agréables Citoyens de la Capitale, qui n'ont jamais vu que des bosquets & des jardins fleuris, & qui ne sauroient distinguer l'orge du froment, en pleine Campagne ; j'indiquerois, d'après nos Laboureurs, un autre expédient d'épargne, dont j'entens tous les hommes ſenſés convenir unanimement ; qui a été pratiqué dans des Royaumes entiers, & dont non-ſeulement le miniſtere n'a fait juſqu'ici uſage, faute d'y avoir été excité ; mais duquel les pauvres, qui auroient le plus grand intérêt d'y concourir, ſemblent éviter ſoigneuſement les ſecours, en travaillant à perpétuer l'abus dont je me plains. Je parle de ces oiſeaux voraces & ſi féconds, qu'on appelle *Moineaux*, & auxquels les Païſans ménagent des retraites tranquilles, comme s'ils craignoient que la race s'en éteignît. J'ai oui dire cent & cent fois, qu'il n'y avoit pas un de ces oiſeaux qui ne mangeât, chaque année, un boiſſeau de bled. Cette perte n'eſt-elle pas affreuſe ? Et comment cet illuſtre Académicien, à qui la Nation doit tant pour les ſoins qu'il ſe donne en faveur de l'agriculture, n'a-t'il pas si vivement représenté l'importance de ce fait, (s'il est aussi vrai qu'il est vraisemblable), que le Gouvernement déterminé par le mérite de son témoignage, ait remedié à ce mal si facile à guérir, & par-là dédommagé l'Etat du préjudice inévitable qu'apportent les Chemins à la semence du produit des terres?

L'excessive quantité de Gibier, dans de certains cantons, est encore un dommage que tous les Propriétaires souffriroient patiemment si leur intérêt n'étoit sacrifié qu'aux plaisirs du Souverain : mais qu'à son insçu, sous ce prétexte, les grains soient dévorés sur pied, & les Cultivateurs réduits à l'esclavage de ne pouvoir les cultiver en toute saison ; le cœur de tout Citoyen en saigne. Réprimer cet abus, seroit donc encore procurer une indemnité à l'agriculture.

Voilà des maux réels, & des pertes ſans retour, qu'on auroit pû mettre juſtement au rang des plus déplorables; mais il me ſemble que les chemins devoient trouver grace aux yeux du ſage Auteur auquel je réponds, ſur la foi due à une adminiſtration qu'il révere.

Paſſons à ſon ſecond grief. A l'entendre (*a*), » la moindre » communication entre chaque » petite Ville, eſt tracée ſur le » Plan, ou peu s'en faut, de la » grande allée de Vincennes au » Trône «. Mais n'y a-t'il pas là trop d'exagération? Et oſerois-je lui demander en quel lieu de la France, autre que la route de Saint Denis, il a trouvé un exemple qui approche de cette comparaiſon? A plus forte raiſon paſſe-t'elle toute créance, en l'appliquant aux moindres communications,

(*a*) I. Part. p. 185.

nications, & je la regarde comme une figure poétique, pareille à celle de Virgile, qui, pour exprimer un cheval démesurement grand, l'a comparé à une montagne. Quoi qu'il en soit, il me suffira de lui annoncer sur quelles regles on procede à la fixation de la largeur des Chemins, pour me persuader qu'il reviendra de sa prévention, & qu'il adoptera sans réserve ces regles pleines de sagesse.

Il accorde que les grands Chemins des Romains avoient soixante pieds de largeur. Nos plus grands n'en ont pas davantage; mais il faut avouer qu'à la place de ces vains ornemens dont ce peuple paroit les siens, nous ne décorons les nôtres que de fossés latéraux, & de deux rangs d'arbres. Il ne s'agit plus que d'examiner laquelle des deux Nations est la mieux fondée dans ses principes, & la plus ſage dans l'emploi proportionnel de ſes facultés. 1°. Nos Chemins n'étant pas d'une ſolidité comparable à celle des voies militaires, nous travaillons à prévenir leur deſtruction, en procurant l'écoulement des eaux; & par-là nous empêchons que les Propriétaires Riverains uſurpent la voie publique; ce qu'ils n'ont jamais manqué de faire depuis la fondation de la Monarchie juſqu'au tems où l'on s'eſt enfin occupé ſérieuſement du ſoin de faire exécuter les Ordonnances ſans nombre, anciennes & modernes, qui ont été rendues ſur ce ſujet. Je ne m'arrête pas à les citer, parcequ'on les trouve répandues dans tous les livres qui ont traité cette matiere. 2°. Nos forces, ni nos richeſſes n'approchent pas de celles des Romains, aux époques où ce peuple a été ſaiſi de la *Viomanie*, ou, ſi l'on veut, *de la rage des alignemens*, car ils l'avoient telle (*a*) qu'on nous la reproche. Il résulte néanmoins de ce détail, que nous prenons sur l'agriculture vingt-quatre pieds de largeur de plus que les Romains ; mais c'est à cause que nos voitures sont beaucoup plus larges, & notre commerce beaucoup plus vif, indépendamment de ce que la plantation des arbres l'exige indispensablement, comme je le dirai bientôt.

Tels sont les motifs qui ont engagé nos Souverains, & notamment Henri III, par son Ordonnance de Blois en 1579 ; Louis XIV, par celle des Eaux & Forêts, du mois d'Août 1669 ; & enfin Louis XV, par un Arrêt du 3 Mai 1720, à prescrire aux grandes routes la largeur de soixante pieds, outre les fossés de six pieds de largeur de chaque côté ; & les deux rangs d'arbres qui en

(*a*) Ibid. p. 187.

prennent autant ; par où l'on verra qu'il ne faut point imputer aux modernes d'avoir imaginé cette dimension, & que l'idée en est due à la prudence de nos ancêtres, à laquelle nous avons sagement fait de déférer par les grands avantages qui en résultent, ainsi que je vais l'expliquer.

Un chemin n'est pratiquable en tout tems & en toute saison, que par deux circonstances, 1°. quand le terrein est assez ferme, assez sûr & assez élevé, pour se soutenir par lui-même, & sans aucun secours de l'art. Or ceux-là sont si rares, qu'en mille lieues de cours, on n'en trouve pas communément vingt dans cette heureuse disposition. 2°. Par le revêtement d'une Chaussée qu'on construit dans son milieu. Ce dernier cas est l'ordinaire, & sur la nécessité duquel il faut absolument compter pour les grandes

Routes, à peine de s'en repentir ; mais il n'y a point de Chaussées, sans excepter celles des Romains, si pompeusement décrites par Bergier, (exactement, je veux le croire), il n'y en a, dis-je, point qui résistât au rouage continuel de voitures immensément chargées, comme celles de nos Rouliers, si elles rouloient sans intermission sur la Chaussée. L'exemple en est palpable à l'égard de nos Pavés de grès, matiere la plus dure, après le marbre, & dont néanmoins la vingtieme partie se consomme en un an de tems : elle dureroit moins si elle n'étoit exactement entretenue. Il a donc fallu imaginer un moyen de parer à cet inconvénient : où pouvoit-il être ? si ce n'est dans une largeur qui laissât assez d'espace entre la bordure de la Chaussée & le Fossé, pour y ménager un passage aux Voitures, dans les saisons où l'accôtement seroit praticquable. Il ne faut pas inviter les conducteurs à le suivre, parcequ'ils le préferent pour ménager les pieds de leurs chevaux, & pour descendre à leur avantage les rampes un peu roides, à plus forte raison les montagnes où ils seroient obligés d'enrayer ; mais cet expedient seroit encore insuffisant à cause des arbres, si les Chemins n'étoient assez larges pour être bientôt desséchés par les impressions de l'air, lorsque les pluies les ont imbibés, d'autant plus que l'eau tombant rapidement des feuilles sur un terrein déja pénétré par celle qu'il reçoit directement du Ciel, l'ombre y entretiendroit l'humidité, si les arbres n'étoient pas séparés par un grand espace. Elle les rendroit pour long-tems impratiquables aux gens de pied à qui elle sert de rafraîchissement dans les grosses chaleurs. Il eſt d'ailleurs ſenſible que ſi les routes étoient étroites, l'Etat ſeroit aſſujetti à un plus gros entretien ; car on ne peut réparer les Chemins en toute ſaiſon, & une legere dégradation eſt bientôt ſuivie du renverſement de la Chauſſée ; le commerce ſeroit ſouvent obſtrué, & la Nation privée de la reſſource des arbres dont la culture devient chaque jour plus précieuſe par l'excès de la conſommation du bois à brûler, auquel le luxe nous a conduits ; & par celle du bois de charronage, depuis que le nombre des voitures eſt ſi prodigieuſement accru. Enfin il faut des regles dans toutes les matieres d'Etat, pour ne pas les expoſer aux funeſtes effets d'une régie arbitraire ; & s'il y a quelque choſe à reprocher à celle-ci, c'eſt que les loix n'y ſoient ni aſſez amples, ni aſſez préciſes, ni aſſez ſolemnelles, comme je le montrerai en ſon lieu. Je me flatte qu'en réſumant toutes les cauſes de la largeur qu'on donne aux grandes Routes, tout Cenſeur de bonne-foi voudra bien s'appaiſer, ſurtout quand j'aurai certifié qu'on ne les qualifie telles, que quand elles vont de Paris aux extrémités du Royaume, ſans ſe détourner.

Les grands Chemins du ſecond ordre ne ſont pas traités ſur le même ton, à cauſe que le commerce n'y eſt pas ſi abondant; mais par les raiſons ſuſdites, on leur donne au moins quarante-huit pieds de largeur. Par-là, quand la Chauſſée y ſeroit de vingt pieds, il en reſteroit encore quatorze de chaque côté pour l'accôtement; ce qui ſuffiroit à tous les objets dont j'ai prouvé la convenance & la néceſſité; au lieu que ſi la largeur étoit moindre, on tomberoit dans tous les inconvéniens que j'ai décrits, & cependant plusieurs Réglemens n'ont exigé que dix pieds de distance du pied de l'arbre à la bordure de la Chaussée; ce qui me paroît trop peu.

Enfin la troisieme classe, est celle des Chemins qu'on appelle de traverse, auxquels on ne donne communément que trente pieds de largeur, & tout au plus trente-six.

Il me resteroit à définir ce qu'on entend par ces deux dernieres classes de Chemins roïaux, si je ne devois en parler amplement dans la derniere Partie. Venons au troisieme grief.

C'est celui des alignemens, qui est traité *de rage*, ainsi que je l'ai déja observé; quoique les Romains qu'on nous propose pour modele, en fussent plus affectés que nous, & que pour ne pas s'en détourner, ils entreprissent des travaux incroyables, dont la ſeule idée ne nous viendroit pas, comme de percer des Montagnes, d'y faire des Chemins voûtés au travers des rochers; d'unir des collines par des levées; combler des marais, & d'autres travaux d'une dépenſe & d'une difficulté ſurprenante. A plus forte raiſon eſt-il naturel de ſuivre la ligne droite, lorſqu'on n'y trouve aucun empêchement, puiſqu'étant la plus courte, elle épargne le terrein, & qu'elle abrege la traite des Commerçans & des Voyageurs; qu'enfin elle diminue la dépenſe. Telles auſſi ont été les vues des Légiſlateurs qui ont ordonné l'alignement des Chemins. L'Arrêt du 26 Mai 1705, s'en explique en ces termes, & il n'eſt pas une production du Gouvernement préſent, auquel néanmoins on en fait le reproche. Le préambule de cet Arrêt porte que » par

» le trouble des Propriétaires Ri-
» verains, quantité de Chemins
» ont été faits avec des sinuosités
» préjudiciables aux intérêts de
» Sa Majesté, *par la plus grande*
» *dépense qu'il faut faire pour les*
» *construire & pour les entretenir*,
» & à la commodité publique,
» en ce que lesdits Chemins *en*
» *sont beaucoup plus longs* «. Il pouvoit ajouter *à l'intérêt public*, personne n'ignorant que les denrées & les marchandises sont rencheries, par la prolongation du transport. Ce seroit cependant une erreur de penser qu'on s'asservisse si absolument à la ligne droite, qu'on ne s'en éloigne jamais, si ce n'est par des obstacles insurmontables. Tant d'obstination ne convenoit qu'aux Romains, uniquement frappés de l'éclat de leurs entreprises. Comme l'utilité fait le principal objet des nôtres; l'Arrêt que j'ai cité, en ordon-

nant d'aligner les Chemins, ajoute *le plus que faire se pourra*; ce qui exclut tous les empêchemens que l'intérêt de la société défend de vaincre par un travail superflu. Il suffiroit donc que l'alignement coûtât trop, ou portât trop de préjudice aux Particuliers, par comparaison à l'avantage que le Public en retireroit, pour engager le Gouvernement à préférer de suivre la sinuosité de l'ancien Chemin, en corrigeant les difformités choquantes qui s'y rencontreroient. Je ne vois pas que sur l'accomplissement de ces regles, personne ait plus de droit ou de raison de s'inquiéter, que le Législateur lui-même, qui s'en rapporte à la prudence des Ordonnateurs, & à l'intelligence des Exécuteurs. Après ce que j'ai dit des précautions que l'on prend sur ce sujet, pour ne tomber dans aucune erreur, je doute que quelqu'un citât un exemple arrivé depuis trente ans, où il eut été plus utile & moins dispendieux de ne pas s'en tenir à la ligne droite; & j'avertis que celui-là seroit imprudent qui s'exposeroit à faire du coup d'œil cet arbitrage, surtout s'il n'étoit pas du métier, puisque les plus habiles Ingénieurs risqueroient de s'y tromper, & qu'ils ne peuvent en rendre un compte exact que par des toisés très difficiles, & par les calculs les plus épineux; encore est-il si rare qu'ils aillent à la précision, du moins pour de grands ouvrages, qu'il y auroit trop de confiance à ne pas compter sur des augmentations.

Mais ce qu'on ne croiroit peut-être pas après la grosse invective, que l'ami des hommes a proferée contre les alignemens, c'est qu'il convienne, comme il le fait (a), » que c'est un ornement consi-

(a) Ibid. p. 187.

» dérable, & qui doit être re» cherché avec ſoin, en ſuppo» ſant l'égale qualité du terrein. Il dit plus ; » dans les Routes » principales & aux lieux où cela » abrege de beaucoup, les édifi» ces & autres embarras de dé» tail n'y doivent pas être épar» gnés, ſauf le dédommagement » du tiers, comme en uſent les » Païs d'Etats pour leurs chemins. Je lui demande la permiſſion d'argumenter contre ce texte.

1°. Si les alignemens ſont un ornement conſidérable, & qu'il faille les rechercher avec ſoin, &c. ce n'eſt donc pas une rage de les rechercher, & ce ſoin devoit paroître plus digne d'un éloge que d'une injure, puiſqu'il eſt néceſſairement appuyé (*à priori*) ſur le principe d'abreger.

2°. Il eſt vrai que l'Auteur y met deux conditions, dont l'une eſt l'égalité du terrein, & l'autre le dédommagement du tiers. On ſent que la premiere ne peut être que le fruit du haſard, & que ſi l'on en faiſoit dépendre l'alignement, elle ſeroit équivalente à une propoſition indéterminée, dans laquelle on avanceroit qu'il convient, & qu'il ne convient pas d'aligner les Chemins.

Oh! en revanche je donne des pieds & des mains dans la troiſieme condition : elle eſt pleine de ſageſſe & d'équité. L'intérêt particulier doit ceder au bien public; mais toujours *ſauf le dédommagement*. Cette maxime eſt trop ſacrée parmi nous, pour laiſſer craindre que le Gouvernement permît de la violer, & j'ai la ſatisfaction de voir qu'elle eſt ponctuellement obſervée dans les Ponts & Chauſſées. Il ne faut pourtant pas abuſer des termes; quand le ſol du nouveau Chemin n'eſt que de médiocre, ou de nulle valeur, on ne le fait point estimer : l'ancien chemin sert alors d'indemnité, suivant la disposition précise de l'Arrêt du Conseil du 26 Mai 1705, déja cité, lequel pourvoit en même-tems, au cas où le terrein de l'ancienne voie ne se trouve pas contigu aux Héritages des Particuliers sur lesquels passe le nouveau chemin; mais les maisons, les enclos, les prés, les bois, les vignes, sont évalués au prix courant des Païs où ces héritages sont situés, peut-être plus favorablement pour les Propriétaires, que dans les Païs d'Etats; & ce Département n'a rien à redouter de l'anatheme justement lancé » contre ces Ad» ministrateurs cruels, qui, sous » prétexte que tout doit ceder à » l'utilité publique, écrasent tout » ce qui se trouve devant eux.

Je n'ai pas oublié le quatrieme grief : il ne perdra rien pour avoir attendu ſon tour ; non que je ne paſſe condamnation ſur le parallele de nos Chauſſées à celles des Romains ; mais parcequ'on ne peut tirer de celles-ci aucun motif de nous en conſeiller l'imitation ; encore moins un prétexte de nous reprocher que les nôtres ſont trop legeres. L'expérience & le raiſonnement font ſentir qu'une ſolidité ſuperflue en ce genre eſt d'autant plus vaine, qu'elle ne peut ſe paſſer d'un entretien continuel ; & en ſuppoſant à nos Chauſſées ce moyen de conſervation, elles ſont aſſez fortes pour braver les injures du tems. La raiſon veut d'ailleurs que tout Peuple, comme tout Particulier, proportionne l'étendue de ſes entrepriſes aux facultés qu'il a de les exécuter. D'après ces conſidérations, je demande à tout Juge impartial, à quoi il ſervoit aux Romains de donner à leurs Chaussées une épaisseur excessive, formée de plusieurs couches de pierre, de mortier à ciment, de cailloux & de gravier? S'ils n'avoient pas dessein de les entretenir; cette épaisseur, eut-elle été double, n'auroit pas sauvé de l'impression des roues la superficie de ce massif, si leurs voitures avoient été aussi lourdes & aussi chargées que les nôtres. Or c'est de la superficie & non du cube que dépendent la douceur & la facilité du roulage. Si, au contraire, ils vouloient mettre leurs Chaussées à l'entretien, la dépense de tant d'appareil, le tems & la peine inexprimable des Peuples & des troupes qu'ils y employoient, étoient autant de perdu, & conséquemment un sujet d'imputation bien fondée d'une prodigalité tout-à la-fois folle & barbare : je dirai ailleurs que leurs soldats le leur reprochoient justement. Nous sommes plus judicieux & plus humains ; si notre population étoit aussi abondante que celle des Conquérans du monde entier, au lieu d'occuper inutilement trop d'hommes à la réparation des chemins, nous formerions du superflu, des Colonies fructueuses dont le travail nous fourniroit du sucre, de l'indigo & du tabac, précieux besoins, puisqu'ils contribuent si puissamment aux forces de cet Empire. Comme il s'en faut bien que cette heureuse abondance de sujets nous soit propre, nous usons modérement de notre médiocrité ; mais j'y reviens, nos Chaussées sont assez solides, si nous savons bien les entretenir, & que nous rendions ce travail si doux au Peuple, qu'il s'accoutume à le regarder comme une charge aussi essentielle à son intérêt, que celle de labourer pour moiſſonner, & qu'il en tire réellement la récolte par la diminution des impôts, ſuite néceſſaire de l'augmentation du commerce. Je prouverai ailleurs cette ſuffiſance de ſolidité, & ne craindrai pas d'être démenti par celle des Chauſſées du Languedoc, quoiqu'elles ſoient les plus renommées de tous les Païs d'Etat; il faut bien que cette Province penſe comme moi, puiſqu'elle a reclamé les ſecours du miniſtere, pour avoir des hommes experts dans la méthode de conſtruction qu'on pratique pour les Généralités, & qu'en effet elle s'eſt miſe ſous la direction d'un Inſpecteur général des Ponts & Chauſſées. Ce qui peut avoir inſpiré une autre opinion, c'eſt qu'on aura vraiſemblablement jugé de la perfection de nos Chauſſées, par le premier état où on les voit quand on commence d'y rouler. L'Auteur dit en effet, au Chapitre déja cité plusieurs fois (a), » que ces » remuemens de terre loin d'at» tirer les voitures, les éloignent. Mais un Ecrivain si judicieux a-t'il pu imaginer qu'il fût possible de faire des chemins sans remuer des terres ? Attendez donc que ces voitures aient broyé & mastiqué les cailloux de la superficie, que les terres fraîches & mobiles se soient affaissées & affermies ; & vous serez agréablement récompensé de votre patience. La Nation Françoise sera-t'elle la seule de l'Univers qui voudra qu'on ne cueille que des fruits mûrs ? Faudra-t'il renoncer à planter des arbres dans notre vieillesse, parceque nous ne jouirons ni de leur ombrage, ni de leur fécondité ? Cette derniere réflexion me conduit naturellement à répondre au cinquieme grief, qui attaque d'un

(a) Pag. 185.

côté la mauvaiſe qualité des arbres en général, & de l'autre la multiplicité de leurs eſpeces, parmi leſquelles il y en a beaucoup d'inutiles.

Je penſe abſolument comme l'Auteur, ſur le premier de ces deux chefs. Je crois le ſecond peu fondé, non-ſeulement parceque la propagation de toute ſorte d'arbres eſt utile en ſoi; mais encore en ce que toutes les eſpeces ne viennent pas ſur toute ſorte de terreins, & qu'il eſt difficile d'argumenter avec ſuccès contre les diſpoſitions de la nature. C'eſt la raiſon pour laquelle l'Arrêt du 3 Mai 1720, en renouvellant à cet égard celles des anciennes Ordonnances, a preſcrit la plantation des » ormes, hêtres, châ» taigners, arbres fruitiers, ou » autres arbres, *ſuivant la nature* » *du terrein* «. Il eſt vrai que l'Ordonnance de Henri II, du 18

Janvier 1552, ne preſcrivoit que la plantation des ormes ; mais elle en explique la raiſon ; c'eſt que cette eſpece d'arbres devenoit très rare *pour les affûts & remontages de l'artillerie.* Si j'oſois dire mon ſentiment ſur le vice général de la plantation, par rapport à la qualité des arbres, je l'attribuerois à l'erreur du principe qui a fait établir des Pepinieres royales, & encore plus à leur mauvaiſe adminiſtration, ſur laquelle il n'y a genre d'infidélité qu'on n'ait juſqu'ici fait éprouver à l'Etat ! cet eſprit de rapine eſt devenu ſi commun dans les claſſes des Sujets à qui de bons préjugés n'ont pas appris à ſe reſpecter, qu'à peine y a-t'il un genre de manutention où le point capital de la politique du Gouvernement ne ſoit de ſe garantir de la tromperie ; & il doit s'aſſurer qu'il n'en fournira jamais une ſeule occaſion dont quelqu'un ne profite. Il a paſſé en proverbe, que *c'eſt pain beni de voler le Roi*; & cette doctrine n'a fait que trop de chemin à la ruine de ce Peuple ſtupide qui l'a canoniſée; comme ſi voler le Roi, n'étoit pas voler l'Etat, & que les rapines ne tombaſſent pas directement ſur tout le corps de la ſociété. Qu'il ſoit ainſi trahi, volé, pillé, friponné dans les plus petits détails, comme dans les plus grands, tout Citoyen entendroit crier contre une corruption ſi générale. Rien n'étoit plus naturel que d'en prévoir les effets ſur l'entretien des pepinieres, ni plus facile que de l'éviter. Au lieu de rendre le Roi cultivateur, la plus mauvaiſe des pratiques pour tout Proprietaire qui ne laboure pas, & à plus forte raiſon pour le Souverain; étoit-il donc, & ſeroit-il encore ſi mal-aiſé de former

mer dans toutes les Provinces du Royaume, des Populateurs d'arbres, & de les exciter à cette culture, tant par le profit qu'ils y trouveroient, en les vendant au Roi & aux Particuliers; que par des modérations sur les impôts, proportionnées aux productions qu'ils fourniroient, & même, s'il étoit nécessaire, par de petites gratifications? La certitude qu'ils auroient de débiter à bon prix tous les arbres nécessaires à la plantation des chemins, laquelle ne peut qu'augmenter par les soins qu'on prend de les aligner, animeroit ces Cultivateurs au travail, & rendroit bien-tôt cette fourniture aussi commune partout proportionnément, qu'elle l'est dans la Généralité de Paris, où je suis persuadé que les arbres coûtent infiniment moins que si on les tiroit des Pepinieres royales, & sont dix fois plus beaux &

meilleurs. Le reproche de l'abus que je combats, ne doit donc pas tomber ſur la direction des Ponts & Chauſſées, tout-à-fait diſtincte de celle des arbres.

J'ai tâché juſqu'ici d'édifier l'Auteur que je voudrois ramener à mon avis ſur le ſyſtême des Chemins, parceque la droiture de ſon cœur & la fineſſe de ſa perception me rendent ſon ſuffrage reſpectable ; & qu'avec un témoignage de ce poids, je ne deſeſpererois pas d'obtenir que le public adoptât mes opinions. Je ferai encore de plus grands efforts dans la ſuite de cette Partie, pour arriver à ce double avantage, en prouvant par l'Ami des hommes lui-même ; non-ſeulement l'indiſpenſable, mais la juſte néceſſité du travail des corvées, reglé par une contribution égale, & moderée par l'humanité. Je rougirois qu'on pût me reprocher d'avoir parlé de moi en vain ; mais j'espere qu'on ne m'imputera point d'être tombé dans ce cas, si j'ose dire que j'ai le cœur compatissant pour le pauvre, & que je suis bien éloigné de vouloir aggraver son joug ; que d'un autre côté, à l'exemple de l'Auteur immortel de l'Esprit des Loix, dont la soumission à leur autorité, & la vertu pure, peuvent servir de modele à tout homme d'honneur, je benis le Ciel de m'avoir fait naître sous le Gouvernement où je vis. Mais plus ces sentimens sont profondément gravés dans mon cœur, avec celui d'une obéissance sans bornes, plus je croirois manquer aux sacrés devoirs qu'ils m'imposent, si je favorisois la moindre idée qui tendît au despotisme. Je suis donc bien opposé à toute doctrine qui prêcheroit d'un côté l'esclavage, & de l'autre l'anéantissement des loix. Je demande au contraire, que ſi pour le bien de la Societé, il nous en faut de nouvelles, l'autorité légitime veuille bien y pourvoir, & que les Magiſtrats, qui en ſont les dépoſitaires, ſe faſſent honneur & gloire d'y concourir. C'eſt ſur ce point que je dirige mes veilles & mes vœux, ſans aucun intérêt perſonnel; proteſtant que le ſeul qui m'y porte, eſt le deſir de contribuer au ſoulagement du Peuple, en indiquant les moyens d'alleger ſon fardeau, & peut-être de le lui rendre ſi leger, qu'il aille au-devant.

CHAPITRE II.

Des opérations qui précedent la conſtruction des Chemins.

LA premiere opération de l'art qui conduit à la confection d'une nouvelle route, ou à la réparation d'un ancien chemin, est celle d'en lever un plan exact, & de tirer les niveaux des pentes sur lesquelles la nature & la disposition du terrein permettront qu'on les mette. Mais si, par la connoissance qu'on a, ou qu'on prend de cet ancien chemin, on voit qu'il en coûteroit plus de le réparer que d'en faire un nouveau; alors il faut étudier avec soin toutes les raisons de convenance qui peuvent déterminer à le faire plutôt passer à droite qu'à gauche. L'intérêt du Commerce doit être le premier motif de la détermination générale, relativement aux Villes & Bourgs par lesquels on passera, & qui formeront autant de points capitaux auxquels il faudra s'assujettir pour la distribution des Parties. Il pourroit néanmoins arriver que les obstacles qui contrediroient la meilleure de ces convenances fussent tels qu'ils forçassent à y renoncer ; car s'il y avoit plusieurs Rivieres assez considérables pour exiger des Ponts dispendieux, des montagnes inaccessibles aux voitures, dont l'adoucissement dût occasionner des travaux excessifs ; des qualités de terrein impraticables telles que des marais ; ou une si grande rareté de matériaux qu'on fût obligé de les tirer de trop loin ; en ce cas il faudroit prendre un autre parti, & chercher à dédommager le Commerce, des pertes qu'il feroit d'un côté par les avantages qu'il trouveroit ou qu'on pourroit lui procurer de l'autre. La connoissance de la longueur des deux trajets est indispensablement nécessaire pour cette comparaison, parcequ'une route qui présente au premier aspect des obstacles rebutans, peut tellement abréger, qu'en cette seule considération la préférence lui soit dûe par le gain visible qu'on trouveroit dans la diminution des frais du transport des marchandises & des denrées. Quoique j'aie dit qu'il en est d'un Etat comme d'un Particulier, qui doit toujours proportionner ses dépenses à ses facultés, & que cette maxime soit exactement vraie, l'application en est souvent très differente. Ici le Particulier sujet à la mort ne peut fonder le succès de ses entreprises que sur sa propre œconomie & sur un terme mesuré à son âge. L'Etat ne mourant point ne doit se désister de poursuivre ses avantages, ni par égard à la vicissitude des choses humaines, ni par rapport à la durée du tems qu'exigera l'exécution. Il y a longtems que le Louvre perfectionné seroit un objet d'admiration pour tout l'Univers, si depuis la mort du grand Colbert, on avoit seulement employé un million par an à finir son magnifique & utile projet, par lequel le Roi pourroit revendre les matériaux & l'emplacement du Palais, ou y faire une Place publique digne de Paris & de l'effigie de Henri IV, en faisant tout-à-la-fois de cette vaste enceinte du Louvre, le temple de la Justice, le portique des Sciences, & l'Académie des beaux Arts. *Et si parva licet componere magnis*; la route d'Orléans, impraticable en 1727, n'a été mise à neuf & toute en pavé quarré, que par un travail non interrompu de onze années compris en un seul marché. Il est donc certain que le plus sûr & le plus louable moyen d'avancer le bien public dans la partie que je traite, c'est de former de grands projets & de les attaquer par tant d'endroits que les successeurs, si l'on n'a pas le tems de les finir, soient forcés, pour leur propre honneur, de les suivre & de les achever.

Je suppose que, par tous les motifs qui doivent déterminer le choix d'une route, la construction générale en soit résolue dans l'état actuel où est la direction de ce département, on ordonnera aux Ingénieurs en chef de toutes les Généralités, sur lesquelles cette route devra passer, d'en lever le plan sur l'étendue de leur district, en suivant les aboutissans de chaque partie qui leur auront été indiqués, & il leur sera prescrit d'y comprendre à droite & à gauche les terreins sur lesquels leur avis sera, ou de conduire le redressement de l'ancienne route, si l'on juge à propos de la conserver, ou d'aligner la nouvelle si l'on veut abandonner l'ancien chemin.

Quand ces plans ſeront tous levés, on les remettra à l'Inſpecteur Général chargé de ces Provinces : il ſe tranſportera ſur les lieux avec les Ingénieurs en chef, pour examiner ſi les lignes du nouveau plan ont été ſagement tirées eu égard à la nature du ſol, à l'abondance & à la facilité du tranſport des matériaux, à la commodité des Voyageurs par rapport aux gîtes, à leur ſûreté par rapport aux bois & lieux déſerts qui pourroient ſervir de retraite aux Voleurs, à l'exploitation des Manufactures, à la quantité de Ponts, Pontaux ou Aqueducs qu'il faudra bâtir, & enfin eu égard à toutes les autres conſidérations que la prudence humaine peut ſuggerer. Si l'Inſpecteur Général approuve tout le projet il l'adoptera; s'il opine qu'il faille y changer, il dreſſera un Mémoire de ſes obſervations, & il fera rapport du tout au Commissaire Général. Je supplie qu'on veuille bien se rappeller ici tout ce que j'ai décrit dans la premiere partie, des précautions qu'on prend pour ne rien laisser échapper de tout ce qui pourroit attirer une juste censure du Public sur l'exécution des projets : on examinera celui-ci non-seulement dans cette vûe ; mais encore pour éviter les moindres défauts dont les Savans pourroient seuls s'appercevoir. Supposons maintenant le plan général approuvé : les opérations préliminaires vont devenir plus détaillées.

Comme le Magistrat aura décidé avec l'agrément du Ministre par quels des intervalles il veut commencer dans chaque Généralité ; il chargera les Ingénieurs en chef de lever sur une plus grande échelle les plans particuliers de ces intervalles & d'y joindre les différens profils, tant des niveaux de pente sur la longueur, que des glacis (*a*), & des bermes (*b*) sur la largeur, afin de faire voir les emplacemens des déblais (*c*) & remblais (*d*) qui seront indiqués par le devis pour réduire ou pour rehausser le terrein: Enfin à ces plans & profils seront joints en grand les desseins des ouvrages de maçonnerie ou de charpente nécessaires à l'accomplissement du projet. Voilà bien du travail; & cependant le plus difficile reste à faire, c'est le devis & le détail estimatif de tous ces ouvrages à exécuter tant à prix d'argent seulement qu'en tout ou partie par le secours des Communautés. Non-seulement

(*a*) Pente douce des terres qui bordent un chemin en contremont ou en contreban.

(*b*) Chemin de terre entre la bordure de la Chaussée & le fossé.

(*c*) Retranchement de terres.

(*d*) Rapport de terres.

ces devis exigent beaucoup de lumieres, d'ordre & de netteté ; mais les détails sont d'une discussion pénible & difficile par la précision avec laquelle il faut évaluer l'extraction des matériaux, la fouille des terres & le transport des uns & des autres ; ce qui exige un calcul exact de tous les solides, celui des distances, & du nombre de journées d'hommes, de voitures ou bêtes de somme qu'il faudra y employer, enfin la main d'œuvre des ouvrages d'art, le prix des outils à fournir, & tous les autres frais indispensables. C'est néanmoins par ce détail qu'il faut commencer, par l'incertitude où l'on est que l'objet de la dépense ou d'autres motifs ne fassent différer le travail, & que tout le tems qu'on auroit employé à dresser un devis qui souvent compose un volume, ne soit perdu ou n'ait fait remettre des occupations plus pressantes. Tout ce nouveau travail essuie encore les mêmes inspections, examen & contredits dont j'ai fait ailleurs la description, après quoi l'on fait part de la décision aux Intendans, & le Ministre leur enjoint d'y tenir la main.

CHAPITRE III.

Des différens Ouvrages qui concourent à la réparation des chemins.

C'EST ici que le sentiment de mon insuffisance fait murmurer mon zele & mon amour propre, par le plaisir que j'aurois à décrire sçavamment toutes les opérations qui procurent au Public cette heureuse facilité qu'il a de se transporter à pied, à cheval, en poste, en voiture particuliere ou publique, du centre aux frontieres de la Monarchie; les ſoins, les peines, les ſoucis, les veilles & les travaux qu'il en coûte au Gouvernement pour nous faire jouir de tant de commodités; le mérite perſonnel des Citoyens à qui nous les devons: & la reconnoiſſance qui leur en eſt ſi légitimement acquiſe. Je goûterois le plus parfait des contentemens à montrer par une exacte énumération & une vive peinture de toutes les manœuvres de l'art, à combien de parties s'étend le talent de ceux qui l'exercent, & combien de connoiſſances il faut avoir acquis pour critiquer ſainement cette profonde méchanique cachée au vulgaire & même aux Savans d'un autre genre. Mais pourquoi m'affliger? n'ai-je pas droit d'eſperer, ſi mon travail eſt utile par d'autres endroits, que quelqu'Ingénieur illuſtre voudra ſuppléer à mon défaut, pour faire paſſer à la poſterité une inſtruction complette ſur les Ponts & Chauſſées, enſorte que les principes puiſſent en être perpétués d'âge en âge, & ne jamais périr par l'ignorance, la pareſſe ou le caprice des Succeſſeurs du Gouvernement préſent. Cet évenement eſt trop à craindre dans toutes les adminiſtrations, pour ne devoir pas être prévu. Il eſt ſi rare qu'un homme en place veuille s'éclairer des lumieres de ſon prédéceſſeur ; il trouveroit ſi pénible de les tirer du cachot où elles ſont releguées ; les ſous-ordres qui ont la garde des papiers affectent tant d'y entretenir la confuſion pour en faire un dédale impénétrable & un myſtere auſſi ſecret que celui du culte de Cerès, qu'il n'y a plus de reſſource dans aucun genre de détail pour en conſerver le fil & l'idiôme, que de les mettre ſous la protection du Public, afin que tous les Citoyens laborieux ſoient libres de les conſulter, & que le ſervice de l'Etat dans chaque partie ne ſoit plus une ſcience cabaliſtique dont on ignore ſouvent les premiers principes quand on y eſt appellé. Heureuſe eſt la Finance d'avoir été gouvernée par un Sully, Homme de bien, Homme d'Etat, vrai génie, qui, bien éloigné de craindre qu'il ſuſcitât des Emules par ſes leçons, sembloit les inviter à s'en inſtruire. Seroit-ce un blaſphême de dire que ſans les précieux élémens qu'il nous a laiſſés, Colbert n'eut peut-être jamais développé ſon génie? Si tant de ſucceſſeurs avoient puiſé dans la même ſource, la Nation n'auroit pas ſi ſouvent gémi. La Finance à qui ces riches modeles ont tout récemment procuré de ſi excellens inſtituts! Pourquoi le

Patriotiſme n'en feroit-il pas éclore de pareils pour la guerre, pour la marine, pour la police intérieure de l'Etat ? La matiere que j'ai entrepris de traiter tient un rang aſſez honorable dans cette derniere partie du Gouvernement, pour être reſtée dans la groſſiereté du brut minéral ſi quelque Citoyen avoit déchiré le voile qui la couvroit, & détruit le preſtige du préjugé qui l'a ſi longtems retenue dans les ténebres. Mais, dira quelque politique du Parterre, c'eſt porter la main à l'encenſoir. Les inſtructions qui apprennent à gouverner l'Etat ſont de droit dévolues au Miniſtere, & ne doivent être remiſes qu'à lui : il eſt d'autant plus dangereux de les rendre publiques, que nos Ennemis en peuvent profiter. Crainte puſillanime ! Ces ennemis en ſavent autant que nous ſur leurs intérêts

& ſur les nôtres. Quand même ils les ignoreroient, les principes de la ſcience ne donnent pas le génie qui ſait les appliquer ; & jamais les Nations ne parviendront à ſe communiquer ce que la nature & l'habitude leur rendent propre. Nous ne devons point aſpirer à la profonde méditation des Anglois ni à cette obſtination preſque Romaine, qui les rend tenans à la pourſuite de leurs deſſeins, au point de n'en jamais démordre : ils doivent de leur côté, renoncer à la délicateſſe de notre goût & de notre ſentiment, à la vivacité de nos ſaillies, & à l'impétuoſité de notre valeur. Au ſurplus, Ami Lecteur, cette apologie eſt gratuite de ma part ; je n'ai pas à craindre que le Gouvernement me ſache mauvais gré d'avoir divulgué le ſecret des chemins, très comparable à celui de la Comédie.

Après les opérations préliminaires dont j'ai fait une courte description, les premiers coups de la main d'œuvre tombent sur les retranchemens, & les rapports de terre conséquemment aux profils qui en ont été tirés. C'est un article très important, soit qu'il ait été adjugé à prix d'argent, soit qu'il doive être fait par corvées. Au premier cas, la dépense seroit inutilement augmentée, si le déblais étoit plus fort que ne l'exigeroit le remblais, ou qu'il ne l'eût demandé si les niveaux avoient été mieux pris. Dans le second, on fouleroit mal-à-propos les Communautés par un travail superflu. L'homme d'art profondément versé dans la trigonométrie & les nivellemens, rendra cette proposition très sensible par des profils appliqués à différentes especes supposées, & ces profils adaptés aux parties du Plan qui leur appartiendront, accoutumeront insensiblement l'esprit de l'homme d'Etat qui voudra les apprendre à juger par le dessein, de l'état du terrein sur lequel on fait travailler, & de celui où il sera mis par le travail.

Quand le chemin a été reglé par des piquets sur les pentes qu'on veut lui donner, il faut y construire les Ponts nécessaires à l'écoulement des eaux des petites Rivieres, Ruisseaux & Ravins qui le couperoient si on ne leur ménageoit un passage suffisant. Ces Ponts ont dû être prévûs lorsqu'on a fait les nivellemens, ensorte que leurs rampes prévenues de loin aient été assujeties aux niveaux. Ils doivent même, autant qu'on le peut, être construits avant la Chaussée, parcequ'ils lui servent comme de repaires auxquels elle doit nécessairement se rendre & aboutir.

Mon Savant donnera dans son

Ouvrage les Plans, les élévations & les coupes de ces moyens & petits Ponts ; il diſtinguera ceux qui peuvent être fondés ſur le ſol naturel lorſqu'on y trouve le tuf ou le roc ; il indiquera pour d'autres un ſimple grillage dont il décrira & fera voir l'aſſemblage de charpente ; enfin il caractériſera les terreins où les Ponts ne peuvent être ſolidement fondés que ſur pilotis ; il détaillera la manœuvre pour les battre, les réceper (*a*), les coeffer (*b*) &c. & il déduira ſi clairement toutes ces opérations, qu'en les comparant aux deſſeins qu'il y joindra, un homme ſenſé puiſſe les entendre au point, s'il le falloit, de les faire exécuter. Souvent pour dériver les eaux, il ſuffit de conſtruire à la profondeur d'un ravin ou d'une ſource vive, un petit

(*a*) C'eſt couper avec la ſcie, la tête d'un pieu, pour le mettre de niveau.

(b) C'eſt couvrir un fil de pieux d'une piece de bois, qu'on nomme chapeau.

Aqueduc voûté ou ſeulement recouvert de pierres plattes qu'on nomme *Dales*.

La Chauſſée ſera faite en pavé ou en cailloutis, la premiere n'a rien de difficile, & ſa ſolidité dépend de trois conditions, dont la premiere eſt la fermeté du ſol; la ſeconde, l'épaiſſeur & la bonne qualité du ſable ſur lequel on l'aſſeoit, & qu'on appelle *forme*; la troiſieme enfin, eſt la dureté de la pierre: le grès l'emporte ſur toutes les autres. Il faudra donc pour poſer ce pavé, attendre que les terres du remblais ſoient affaiſſées, encore arrivera-t'il, ſi elles ſont légeres ou graſſes, qu'il faudra le relever au bout d'un an, Il n'eſt pas à beaucoup près également aiſé de conſtruire une bonne Chauſſée de cailloutis; l'ancienne méthode preſcrivoit que les bords de la Chauſſée fuſſent armés de groſſes pierres, ſur leſquelles les cailloux étant appuyés, paroissoient risquer d'autant moins de céder au poids des voitures, que ces bordures étoient encore contrebuttées par l'élévation des terres de l'encaissement (*a*). La nouvelle Académie a décidé que cet encaissement suffisoit, & même que les bordures étoient nuisibles, en ce que le rouage venant à les déranger, il falloit pour les rétablir ouvrir les terres de l'encaissement ou faire une large breche à la Chaussée dont le cailloutis remplacé ne pouvoit plus reprendre autant de consistence que celui qu'on en avoit tiré & qui avoit fait corps avec la partie contigüe. Sur cela je m'en rapporte en ignorant docile ; mais je demande que mon Savant résolve le problême par des raisonnemens appuyés sur l'expérience. On prétend à la vérité

(*a*) Excavation de la largeur de la Chaussée qu'on veut construire.

qu'elle eſt favorable à la nouvelle méthode, cependant la durée des Chauſſées Romaines appuyées de groſſes bordures & même de Dales qui les ſéparoient des chemins de terre, au rapport du ſieur Gautier qui a pris les profils de pluſieurs ; cette durée, dis-je, pourroit contrebalancer le témoignage des vivans & faire penſer que le défaut de nos bordures pourroit naître de la maniere dont nous les employons. Quoi qu'il en ſoit, voici la conſtruction preſcrite pour nos Chauſſées d'empierrement, telle que j'ai promis de la décrire pour prouver leur ſolidité.

Après avoir fait la tranchée qui doit ſervir à l'encaiſſement, on poſe tout au fond des pierres rangées à la main ſur leur champ ou plus grande épaiſſeur, ce qui compoſe un pavé brut & mal uni. Quand ce premier lit eſt achevé on y répand du gravier ou du ſable pour en garnir & remplir tous les joints juſqu'à la ſuperficie qui en eſt arroſée ; ſur cette couche, on étend des pierres ou des cailloux de moindre groſſeur, qu'on recouvre pareillement de ſable ; enfin, diminuant toujours la groſſeur du caillou, on termine la Chauſſée par le plus menu, recouvert comme deſſus, & l'on obſerve que ſa ſuperficie ſoit bombée en forme de bahu, pour que les eaux s'en écoulent dans les foſſés lateraux ; il y en a qui prétendent que la Chauſſée ſeroit plus ſolide ſi l'on pratiquoit ce bombement ſur le platfond même du terrein de la tranchée, parce qu'alors les reins de la Chauſſée qui ſouffrent le poids & le frottement des roues étant auſſi épais que le milieu, auroit plus de réſiſtance. Plus ces chemins ſont fréquentés, plutôt ce maſſif fait corps & devient ſolide ; enſorte que ſi les dégradations que les voitures & les chevaux y font au commencement ſont bien répa-rées pendant trois ou quatre ans il y a très peu de choſe à faire par la ſuite.

On trouve quelquefois dans le cours d'un chemin très avancé, des terreins ſpongieux, & qui ont ſi peu de conſiſtance qu'aucun corps ſolide ne peut s'y ſoutenir : ils s'y enfoncent ou ſubitement ou inſenſiblement, & plus on voudroit les recharger, plus on précipiteroit leur ruine : j'en connois où des Chauſſées entieres ont diſparu, & ou des ſondes de cinquante pieds de hauteur n'ont pas trouvé de fond ; il n'eſt plus tems de reculer, & toutes fois les reſſources contre un pareil évenement ſont auſſi courtes que difficiles ; on ne m'en a enſeigné que deux, dont l'une eſt le grillage (*a*) & l'autre un faſcinage (*b*) ſpacieux qu'on retient le mieux qu'il eſt poſſible avec des piquets, & qu'on charge enſuite de terres ſolides. Voilà un petit champ de diſſertation pour l'Ingénieur qui écrira.

Ailleurs on rencontre des bancs de glaiſe dont il eſt facile de venir à bout, s'ils n'excedent pas la largeur de la Chauſſée, mais s'ils regnent ſur toute la largeur du chemin, il eſt difficile, ou du moins très pénible de les maſquer ſi exactement que les glaiſes ne reviennent pas à la ſuperficie, ſurtout s'il y a des glacis en contrehaut ou en contrebas.

Plus loin, il ſe préſente d'autres difficultés à vaincre, tantôt ce ſont des Plaines ſi baſſes qu'aux moindres crues d'une Riviere voi-

(*a*) Aſſemblage de pieces de bois qui ſe croiſent quarrément.

(*b*) Lit de faſcines.

ſine elles ſont couvertes d'eau ; tantôt des marais qu'on ne peut deſſécher par des ſaignées. Dans les deux cas il n'y a d'autre remede que de conſtruire des Chauſſées ou levées percées d'arches.

On peut mettre encore au rang des difficultés conſidérables qui ſe préſentent dans quelques Provinces du Royaume, des chaînes de montagnes ſi longues qu'on ne peut les contourner, & qu'il faut profiter des premieres gorges où l'on trouve moyen de pratiquer une rampe à mi-côte pour y tracer un chemin, quelquefois même dans le roc qu'il faut miner. Il ne faut pas aller en Auvergne ni aux Pirenées pour en voir des exemples ; il y en a un fameux à Tarare ſur la route de Lyon que je n'ai point vû, & un autre à Roulleboiſe ſur la baſſe route de Paris à Rouen. J'ai parcouru à pied cette montée il y a plus de vingt ans, & il m'a paru qu'elle ne pouvoit être mieux traitée ſans ſe jetter dans une dépenſe ſuperflue, qui même n'en auroit que peu diminué la roideur. On ſe borne à donner à ces paſſâges eſcarpés une largeur ſuffiſante pour deux voitures, & l'on ſauve les périls du précipice par un mur de parapet, par une banquette de terre, des barrieres ou des bornes, quelquefois par des arbres dont les intervalles ſont garnis d'une haie d'épines. Mon illuſtre ſe fera un jeu d'indiquer pour tous ces cas les expédiens convenables à chaque eſpece, & les appuiera de profils qui en démontreront l'exécution.

J'ai réſervé pour le dernier article ce qui eſt le plus digne de piquer ſon émulation, c'eſt le projet d'un grand Pont ſuppoſé à conſtruire ſur une Riviere navigable. Quoique pluſieurs Auteurs en aient donné des modeles, & que les desseins de ceux qui ont été construits de nos jours soient des plus beaux qu'on puisse proposer ; je ne sais si aucun Architecte s'est jusqu'ici avisé de donner séparément les plans, les coupes, & les dévelopemens des différentes parties qui composent cette sorte d'ouvrage, avec ceux des bâtardeaux, des machines, & des instrumens dont on se sert tant pour les épuisemens que pour les autres opérations de l'art, le tout dans l'esprit de l'instruction que je demande pour la portion du Public qui n'est pas de la profession ; & encore plus particuliérement pour l'homme d'Etat qui doit présider à la direction de cette matiere. Sans doute les devis contiennent l'équivalent de tout ce détail ; mais c'est pour l'Entrepreneur qui est présumé entendre la manœuvre, & non pour les gens de Lettres qui ne peuvent y comprendre que fort peu de chose, faute de savoir la signification des termes de l'art, la forme des machines, la figure des engins & des outils, & les usages auxquels on les emploie.

J'exhorte donc l'Artiste zelé qui entreprendra de nous donner ces élémens de l'Architecture publique relative aux chemins, à dresser d'abord une table alphabétique de toutes les natures & qualités de matériaux qu'on y emploie, de toutes les machines, engins & outils qui servent aux opérations de l'art & des termes de la manœuvre, avec des définitions si claires & des desseins qui représentent si exactement chaque opération, qu'on puisse par ce double secours, suivre pied à pied l'exécution d'un devis & en concevoir l'effet total.

Le feu sieur Gautier qui dès

1714 étoit Inſpecteur des Ponts & Chauſſées, ſemble avoir prévenu mes deſſeins, dans un Traité des Ponts imprimé à Paris chez André Cailleau en 1716; mais ſon Livre, ainſi qu'un Traité du même Auteur ſur les chemins, publié en 1721, eſt d'un ſtyle ſi bas qu'indépendamment de bien des puérilités & des pauvretés que l'un & l'autre contiennent, ils ne peuvent ſervir que de titre & de forme pour en faire un bon tel que je le demande, de la main d'un grand Maitre, & qui écrive avec aſſez de pureté pour ne pas ajouter l'ennui de la diction à la ſechereſſe de la matiere; à la vérité ce talent de bien écrire n'eſt pas commun parmi les hommes d'art, mais il n'y eſt pas non plus ſi rare qu'on ne puiſſe facilement l'y trouver; cet ouvrage ſeroit ſi utile pour les Sujets qui ſe dévouent au ſervice de l'Etat dans cette partie, & il tendroit si visiblement à la propagation de l'architecture publique s'il contenoit de bonnes dissertations, qu'il n'y a pas à douter que le Gouvernement ne fît avec plaisir la dépense de l'impression & celle de la gravure des planches. Ces dissertations rouleroient sur la poussée des voûtes & des terres, sur l'ouverture des arches la plus convenable, relativement aux différens lits & cours des Rivieres, au volume & à la rapidité des eaux; sur la forme la plus belle & la plus solide qu'on puisse leur donner qui paroît être le plein cintre; & sur le dernier degré jusqu'auquel on peut s'en éloigner en les surbaissant, pour ne pas s'exposer à des accidens dont un seul exemple devroit interdire tous les autres. Il est trop dangereux de permettre des épreuves à la pure vanité, sur des ouvrages dont l'immenſité de la dépenſe intéreſſe ſi fort l'Etat, & qui n'ajoutent rien à la beauté de l'ouvrage, eſt-il même décidé que la réduction outrée du nombre des arches procure de l'épargne. Le coût de l'appareil extraordinaire qu'exigent celles dont l'ouverture eſt exceſſive, n'équipole-t'il pas à celui du maſſif des piles qu'on ſupprime? Je l'ignore, mais je ſens qu'une fixation ſur cet objet, ſi elle eſt praticable, ſeroit infiniment avantageuſe.

Je deſirerois enſuite qu'on diſcutât les problêmes qui naiſſent du caractere des torrens du Dauphiné, tels que le Drac, l'Izere, la Romanſſe, la Greſſe, pour voir s'il y auroit des remedes à eſpérer contre leurs irruptions ſubites. Les hommes qui juſqu'à préſent les ont examinés, étoient-ils aſſez attentifs pour avoir tout vû, & assez habiles pour avoir tout prévû ? Le seul intérêt de conserver Grenoble ne mériteroit-il pas qu'on réunit les avis de tous les Savans en ce genre, & ce motif n'est-il point infiniment fortifié par la vûe d'éviter les dépenses extraordinaires qui surviennent si souvent ?

Une dissertation sur le parti qu'on a pris de bâtir un massif continu tout au travers de l'Allier à Moulins pour y ériger un Pont : cette dissertation, dis-je, ne seroit-elle pas curieuse & digne d'un Gouvernement qui doit mettre au nombre de ses soins celui d'instruire son siecle & la posterité ? L'Allier n'est pas la seule Riviere dont les ensablemens soient également inconstans & profonds ; toujours est il certain qu'en supposant, comme je le crois, sur la réputation de l'Ingénieur qui conduit cet ouvrage, que le Pont de Moulins ne fût susceptible d'aucun autre genre de construction pour être solide; l'Architecture ne pourroit que gagner à l'examen des raisons qui ont fait donner la préférence à celui-ci, ne fût-ce que pour s'y tenir invariablement dans un cas semblable. Il suffiroit même, je pense, pour exciter les Savans à communiquer leurs avis sur des questions si problematiques, qu'on imprimât les devis de tous les ouvrages fameux, avec leurs plans, profils & élévations. Ils ne sont pas assez fréquens pour rendre cette dépense effrayante, & cependant à l'exception du Pont de Blois, je n'ai point appris qu'on l'ait fait pour aucun autre. Celui de Compiegne construit depuis trente ans; ceux du Cher à Tours, si dignes d'être connus & imités, le Pont d'Orléans qui touche à sa fin, enfin celui de

Saumur qui vient d'être fondé d'une façon ſi nouvelle & ſi heureuſe, ne méritent ils pas d'honorer les faſtes de la Nation, & que les noms de leurs Auteurs y ſoient gravés en caracteres dignes de leurs talens.

En voilà peut-être trop ſur le Chapitre des Ouvrages, eu égard au peu de connoiſſance que j'en ai & à la ſtérilité des inſtructions qu'il contient ; mais je fais la fonction de la pierre à raſoir, qui n'ayant pas la vertu de couper, ſert à aiguiſer le tranchant du fer, & je n'en ai pas promis davantage, je ſerai plus hardi dans le Chapitre ſuivant.

CHAPITRE IV.

Des moyens qu'on emploie pour l'exécution des Ouvrages des Ponts & Chaussées.

SI l'argent est le nerf des opérations de la guerre, il ne l'est pas moins des Ouvrages de la paix, toute la différence consiste dans la quotité des sommes que prennent ces deux objets; dans la situation des Peuples qui en portent le fardeau & dans les effets qui les suivent. Non-seulement les dépenses de la guerre sont immenses & sans bornes, surtout si le désordre s'y joint, mais l'obstruction qu'elle jette sur le Commerce met les Peuples hors d'état de la soutenir longtems. Tout au contraire, les dépenses de la paix sont modiques

& limitées ; elles ont, de plus, la faculté d'augmenter les revenus de l'Etat, & par-là il semble qu'aucune conjoncture n'en devroit interrompre le cours ; mais, comme je l'ai dit ailleurs, la guerre est un Créancier implacable qui égorge tous les autres, & de là vient que quand elle presse on remet moins de fonds au département des Ponts & Chaussées, qu'il ne lui en faudroit pour continuer les travaux commencés & pour en entreprendre d'autres. Il faut cependant rendre au Gouvernement la justice de convenir que depuis quarante ans il a été assez convaincu de la nécessité de soutenir cette partie, pour faire payer très régulierement en tems de paix, non-seulement les fonds imposés pour le courant, mais encore les arrérages des années précédentes, à l'exception de l'exercice entier qui se trouve retardé d'un an, & j'ai oui dire plus d'une fois que le remplacement en eût été infailliblement fait si la Direction avoit été plus accréditée, ensorte qu'il y a tout lieu d'esperer que dans un tems plus heureux, ce vuide sera rempli, & les fonds destinés à quelqu'ouvrage d'éclat, pour rendre aux Sujets, par le travail, le fond de l'imposition qu'ils en ont supportée & le faire refluer ainsi dans le Commerce. Mes amis les Ingénieurs ne connoissant chacun que son département & la plûpart étant beaucoup plus jeunes que moi, n'ont pû m'apprendre, ni la somme qu'on destinoit avant eux, ni celle qu'on accorde maintenant aux Ponts & Chaussées; mais j'ai sû d'ailleurs que l'une & l'autre depuis ces quarante ans, alloit, année commune, à plus de trois millions, & ne montoit pas à quatre; on ajoutoit qu'il s'en falloit beaucoup, & je le crois, que cette ſomme fût ſuffiſante. En effet, quand je me repréſente qu'il en faut déduire l'entretien de tant de Ponts répandus dans ce vaſte Roïaume, celui de l'immenſe quantité de Pavés dont la ſuperficie augmente tous les jours. Les appointemens & frais de tournée de tant d'Officiers attachés à ce Département, les gages des Tréſoriers & de leurs Contrôleurs, les taxations de retenue & les frais d'adjudication dont il eſt juſte de tenir compte aux Entrepreneurs; je conçois que le réſidu doit être mince pour les ouvrages neufs, & que le double n'y ſuffiroit pas ſi l'on vouloit les faire à prix d'argent : il a donc néceſſairement fallu y employer les corvées; c'eſt ici la pierre d'achopement, contre laquelle tout le ſyſtême viendroit ſe briſer, ſi les corps les plus respectables ne revenoient de leur prévention. Comme il est impossible que des contradictions qui ont fait tant d'éclat n'aient ébranlé l'opinion du Public qui n'a rien à leur opposer, parce-qu'il n'a pas la plus légere notion de ses intérêts dans cette partie ; je me charge de plaider ici sa cause au Tribunal même des contradicteurs ; ils sont trop éclairés pour ne pas reconnoître la vérité quand elle paroîtra devant eux, & trop vertueux pour ne pas lui rendre hommage.

Je me flatte d'avoir prouvé l'indispensable nécessité des chemins relativement à celle du Commerce, & quand cette raison ne seroit pas assez décisive pour entraîner elle seule tous les suffrages, je serois sûr d'obtenir encore celui de tous les Voyageurs & de tous les Propriétaires de terres, par les motifs de leur intérêt & de leur commodité : ces trois approbations réunies ne me permettent pas de craindre que ma proposition soit combattu ni que j'aie de nouveaux argumens à pousser pour la soutenir. Nous sommes tous d'accord sur le point capital de la question, il ne s'agit plus que d'examiner attentivement & sans prévention quels sont les moyens les plus analogues au bien de l'Etat qu'on puisse employer à la réparation des chemins & au besoin de les tenir toujours pratiquables; car il seroit inutile de conquérir dans tout autre esprit que celui de conserver.

On nous indique pour ce premier objet le travail des troupes, mais on ne pense pas au second, à moins qu'on ne sousentende que quand nos Soldats auroient fait les chemins, on les enverroit en Quartier d'entretien comme on les met en Quartier d'Hiver.

Le ſecond moyen qu'on propoſe eſt le travail des Criminels qui n'ont pas été jugés dignes de mort.

On peut y en joindre un troiſieme, qui eſt celui des Pauvres valides.

Diſcutons ces trois claſſes de Sujets chacune à part, comme l'ordre & la raiſon le preſcrivent, puiſque la premiere eſt très noble, digne de toute la protection du Souverain & de toute la reconnoiſſance de la Societé, & que les deux autres ſont infâmes.

Qu'eſt-ce que le Militaire en France ? Un corps qui ſe dévoue à la défenſe de la Patrie, & qu'on ne peut maintenir que par le principe de l'honneur. Cette définition répond à la doctrine de tous les bons Politiques, doctrine judicieuſe & frappante, qui n'a pas besoin pour être adoptée par la Nation, de l'apophtegme si connu du Paysan Suedois : eh! » que deviendra l'honneur du » nom *Soldat*. Mais en quoi ce Soldat fait-il consister ordinairement l'honneur ? Est-ce dans l'édification d'une conduite & d'un langage modestes, ou à pratiquer les bonnes mœurs, la chasteté, la tempérance? Non, c'est à battre les Ennemis, à ne redouter ni péril ni fatigue pour remporter la victoire, à ne faire aucune œuvre vile, qui puisse, en le dégradant, lui faire perdre la supériorité dont il jouit & qu'il exerce impérieusement sur le bas Peuple. Quel est le sentiment de l'Officier qui conduit le soldat? C'est de l'entretenir dans ce glorieux préjugé de l'estime de soi-même, & de ne connoître d'autre subordination que celle qui l'assujettit à son commandement.

Partons de ces principes pour envoyer nos ſoldats ſur les chemins former des atteliers de Cailleurs & de terraſſiers, piocher du tuf & des roches, pouſſer la brouette, traîner le camion, arranger des pierres dans une foſſe profonde : ſi le plus ſoumis des Peuples trouvoit ſi dur qu'on l'employât à vaincre la Nature au lieu de lui donner des Ennemis à dompter ; ſi ces ſoldats ſe plaignoient hautement qu'on les traitât comme des Criminels dont on auroit commué la peine de mort en celle de travailler toute leur vie aux chemins, ou comme des bêtes de ſomme, en leur faiſant porter & traîner d'énormes fardeaux, & s'ils alloient juſqu'à ſe ſoulever contre leurs Commandans ; penſera t'on que la vanité & la vivacité Françoiſe ſupporteroient patiemment les mêmes fatigues ſur les inſtructions d'un

Payſan, Piqueur d'Ouvriers, ou ſi l'on veut, ſous les ordres d'un ſous-Inſpecteur ? Ce ſoldat mépriſeroit l'un, le battroit peut-être, & ſe mocqueroit de l'autre: il crieroit qu'il ne s'eſt point engagé pour être eſclave, & qu'il n'a pas quitté la charue pour être attelé au tombereau. Je veux pourtant, car j'ai aſſez d'avantages pour ne pas craindre d'en ceder, je veux, dis-je, que ſur les plaintes du ſous-Inſpecteur le ſoldat fût puni; outre le danger qu'il y auroit qu'à la premiere occaſion il s'en vengeât, la peine tomberoit ſur le chemin par la privation du travail de ce ſoldat déſobéiſſant: & quelle ſeroit ſa peine ? d'être mis au Piquet ou conduit par quatre Fuſiliers aux Priſons les plus prochaines, autre privation de travail; mais j'avertis que le cas le plus ordinaire ſeroit celui où le ſoldat n'auroit point

point tort, & ou l'Officier traiteroit mal le plaignant : il s'en prendroit à lui du dégoût qu'il auroit pour ce bas ſervice, de l'ennui où le jetteroit cette vie oiſive & groſſiere.

Si dans le Camp, à la vûe de cet appareil terrible de la Juſtice militaire qui doit faire trembler les plus réſolus, un Soldat ne laiſſe pas de s'expoſer tous les jours à la mort ſur l'appas d'un choux, ou d'une poignée de féves ; le croiroit-on plus craintif quand le péril ſeroit moindre & qu'il n'y auroit point de Sauve-garde à reſpecter ? Car enfin, la peine capitale ſeroit-elle impoſée au *maraudage voyer ?* Elle paroîtroit ſi rigoureuſe en comparant la différence des cas, que le Légiſlateur frémiroit à la prononcer, même celle de la flétriſſure, à cauſe qu'elle rendroit le Soldat inhabile à porter les armes, & priveroit la République du secours de son bras. La peine des baguettes seroit donc le dernier terme de la rigueur : & quelle impression feroit-elle sur le coupable, lorsqu'il brave celle du trépas dans une pareille circonstance ? Il n'y a point d'homme raisonnable qui sur la foi d'un frein si léger, osât garantir au Fermier la moitié de ses légumes ni le quart de ses poules & de ses dindons ; & d'où pour lors ce misérable tireroit-il dequoi payer les impositions ?

L'incontinence n'est pas la plus lente passion des hommes en général, ni je pense la moins vive dans les gens de guerre. Il me semble voir un foible troupeau de brebis devenir la proie de loups affamés. Tel seroit le sort des femmes & des filles Villageoises; point de ruse qui ne fût mise en pratique pour les surprendre ; & bientôt le succès enhardissant la faim, la violence acheveroit ce que la séduction auroit commencé : je ne réponds pas même, & je parle très sérieusement, que la femme du Seigneur Châtelain & les Bourgeoises d'alentour, n'eussent bientôt appris comme on soupire & comme on parle à la Garnison. Quel désordre dans les Familles ? Je vois des peres désolés, des meres échevelées, des maris en fureur, des filles en larmes : le Curé, dont les anathêmes ont été inutiles, porte ses plaintes à l'Evêque, & lui peint des couleurs les plus noires le comble de l'abomination. Le Prélat écrit à la Cour, tout le Clergé se joint à lui, le Conseil s'assemble, & l'on y conclut que l'idée d'employer les troupes à la réparation des chemins ne pouvant être que l'effet d'un zele précipité, on ne sauroit trop tôt en arrêter le fléau par la révocation d'une nouveauté ſi dangereuſe.

O vous, mon illuſtre Confrere, s'il eſt permis à un Ecrivain obſcur de prendre un titre ſi brillant, vous à qui l'importance des mœurs eſt ſi particulierement connue, qui avez démontré avec tant d'énergie qu'elles ſont la principale force d'un Etat, & qu'elles ſeules ſont dignes de la Superintendance du Souverain ; vous dont la charité s'eſt conſacrée à ſecourir le pauvre & l'innocent; pourriez-vous perſiſter dans une opinion dont la ſuite la moins funeſte ſeroit l'outrage de la Virginité, & qui égaleroit bientôt la corruption des Campagnes à celle des Villes? Non, je jure que vous en reviendrez.

Si après avoir mûrement conſideré les inconvéniens dont je viens de donner une légere eſquiſſe, on daigne porter un œil attentif ſur tous ceux que j'ai encore à découvrir, on sera étonné de ne les avoir pas apperçus.

Certainement le Roi ne feroit pas travailler le Soldat sur l'unique fond de sa solde; puisqu'elle ne pourroit suffire à sa subsistance; il le traiteroit vraisemblablement comme en Campagne: quand cet excédent ne reviendroit qu'à dix sols par jour, & qu'on ne supposeroit pour tout le Royaume que cinquante mille hommes travaillans pour ne pas dégarnir nos Places frontieres, ce seroit sept cens cinquante mille livres par mois, & quand nous ne composerions cette Campagne que de quatre mois, elle ne laisseroit pas de revenir à une dépense annuelle de trois millions, à la charge des Peuples lorsque l'effet de la paix doit être de les soulager. Il est vrai que dans la spéculation, l'ouvrage qui sortiroit du travail de cent mille bras, paroîtroit fixer à un tems très court la réparation totale ; mais nous l'avons déja obſervé, la France eſt bien étendue & prodigieuſement percée de chemins. Les détails pourroient prouver l'erreur d'une eſtimation idéale, & faire voir que quatre années ne ſuffiroient peut-être pas pour une ſeule Province. Or, les Païs d'Etat diſtraits, nous aurions vingt-trois Généralités à parcourir ; le joug des troupes ſeroit donc indéfini, de même que celui de l'impoſition qui deviendroit encore plus lourd par les objets ſuivans.

On feroit certainement camper ou barraquer les troupes, puiſqu'il n'y auroit aucun moyen de les loger à portée des Atteliers, & qu'il ne conviendroit pas de le faire quand on le pourroit ; ce feroit encore une nouvelle dépenſe pour l'Etat. J'avoue que des

Vivandiers attirés à ce Camp venant à faire rencherir les vivres, feroient du bien aux cultivateurs, mais ils rendroient en même-tems la journée du manouvrier trop chere pour les Villes, Bourgs & Villages du Pays, ce qui les tireroit de la proportion où il faut les tenir, pour mettre la classe moyenne des Sujets, peut-être la plus pauvre, en état de faire ses ouvrages de pure nécessité. Les Manufactures se ressentiroient de la cherté, & la consommation des marchandises diminueroit; on pourroit peser dans la balance d'un bon calcul les avantages & les désavantages de cet article. J'ignore de quel côté la balance tomberoit, mais je craindrois qu'il ne résultât de la comparaison un Procès à faire aux chemins dont j'ai à cœur de sauver l'innocence.

Une autre dépense considérable naîtroit de l'obligation où l'on feroit de fournir un nombre de Voitures proportionné à la quantité de terres que tant de bras remueroient, & à celle des matériaux qu'ils emploieroient. D'où les tireroit-on ces voitures? Je suppose que tous les bœufs, les chevaux & les bêtes asines des Cantons où les Atteliers seroient établis y pussent suffire, ce ne seroit qu'aux dépens de l'Agriculture & du Commerce qui languiroient; observons en effet qu'on ne pourroit employer les troupes que dans le tems le plus propre aux travaux de la Campagne & au transport des marchandises; mais ce n'est pas tout; ou l'on paieroit ces voitures, ou on les feroit travailler gratuitement. Au premier cas la dépense en seroit très sérieuse; au second, ce seroit imposer le travail à une partie du Peuple & en exempter l'autre, ce qui ajouteroit une injustice criante à tous les sujets de reproche qu'on fait à la corvée générale.

Quand il seroit vrai que l'esprit militaire ne dût pas s'affoiblir dans une pareille occupation, du moins faudroit-il compter pour quelque chose dans l'ordre de la politique, la crainte bien fondée de la désertion des Soldats. Il faudroit les envoyer sur les carrieres, dans les vignes & autres terroirs, pour y tirer & amasser des pierres, du sable & des cailloux, souvent à une & deux lieues de l'Attelier. Y auroit-il de l'indiscrétion à présumer qu'ils ne laisseroient pas échaper une occasion si favorable de s'évader, & que toutes les Maréchaussées ne suffiroient pas à les poursuivre fructueusement.

Je suis bien trompé si toute la sagacité de l'esprit le plus subtil découvriroit des remedes à tant de maux, & si elle ne seroit pas également en défaut sur d'autres objections qu'on pourroit lui faire.

Supposons, par exemple, que contre mon opinion, l'autorité vînt à bout sans s'énerver, de fonder cette institution : qu'en résulteroit-il ? c'est qu'au terme où il y auroit cent lieues de chemin faites aux trois quarts, il faudroit les abandonner s'il survenoit une guerre, & tout ce qu'on y auroit fait demeureroit perdu, tandis que ces nouvelles routes imparfaites & les anciennes qu'on auroit négligées seroient également impratiquables. Nous ne savons tous que trop à quels courts intervalles se réduisent les tems de Paix dans ce Royaume ; nous n'aurions donc jamais de chemins ; mais je veux que par une espece de miracle nous pussions en venir à bout à la faveur d'une longue tranquillité que nous laisseroient les intérêts des autres Puissances ; par qui feroit-on entretenir cette inexprimable étendue de chemins? Je ne pense pas que personne ait jamais poussé la liberté des idées jusqu'à imaginer que cet entretien pût être imposé aux troupes ; il faudroit donc le faire à prix d'argent, alors quelle augmentation de tribut & quelle charge insupportable pour le Peuple, ou plutôt quel danger qu'il n'y eût plus d'entretien pour les chemins; car les Ponts n'entrent pour rien dans mes objections, & il n'en est pas moins indispensable de les rétablir ; savons-nous s'il n'y en a pas actuellement à faire de très pressans pour plus de vingt millions ? la conclusion du raisonnement sur cette hypothese, sera qu'il faudroit au moins distribuer l'entretien aux Communautés, tant il est vrai que la stérilité des ressources quelconques qu'on voudroit substituer à cet expédient, y ramenera toujours & démontrera qu'elles seroient plus onéreuses au Peuple que celle qu'on voudroit lui éviter; qu'au surplus on fit agréer au Gouvernement le projet du travail des troupes & qu'il pût réussir, je me réduirois plus promptement que tout autre à la seule imposition de l'entretien sur les Communautés: mais j'ose avancer que ce projet est insoutenable, & il ne faut pas être doué de l'esprit de Prophétie pour se rendre garant qu'il ne passera jamais; la seule répugnance du Ministre de la guerre y opposera toujours une barriere insurmontable: aux moyens de réserve que j'ai déduits, il ajouteroit tous ceux qu'une profonde connoisſance & de l'eſprit & du Service militaire pourroit lui dicter.

Je crois donc avoir démontré qu'il faut renoncer pour toujours à cette périlleuſe tentation d'employer les troupes à la réparation des chemins, & la mettre au rang du beau projet de réduire tous les impôts à un ſeul.

Il s'en faut bien que nous ſoyons dans la poſition des Romains. Si vous exceptez l'Italie, qui étoit unie depuis longtems au Patrimoine de la République, tout le reſte de l'Univers étoit pour eux Pays de conquête, & à ce titre de Conquérans ils avoient deux intérêts tout oppoſés aux nôtres ; l'un d'empêcher que l'oiſiveté ne corrompît les troupes, en quoi Auguſte dont la Politique mit le plus en œuvre ce remede, ſembloit prévoir les excès auxquels le Corps militaire ſe porteroit dans la ſuite ; l'autre de contenir les Peuples dans l'obéissance en les faisant travailler avec les Soldats. Nous n'avons rien à craindre de pareil par la nature de notre Gouvernement, & parceque toutes nos troupes, ou peu s'en faut, sont Nationales, & parceque jamais Sujets ne furent ni si dociles, ni plus soumis. La comparaison de Rome avec la France est donc tout-à-fait déplacée, & ne concluroit rien pour nous faire adopter les maximes des Romains relativement aux chemins, quand ils n'y auroient employé que leurs troupes; mais ils y occupoient tous les Peuples sans que personne fût exempt d'y contribuer. C'est qu'indépendamment de la raison politique qui les y engageoit, ils sentoient bien que les Soldats ne pouvoient être destinés à toute sorte d'ouvrages, & qu'ils avoient un besoin indispensable de voitures & de bêtes de ſomme pour le tranſport des matériaux, d'autant plus que nous ne concevons pas où ils pouvoient en trouver aſſez pour former des Chauſſées, à la vérité moins larges de moitié que les nôtres, mais plus épaiſſes du triple & du quadruple. Le ſieur Gautier rapporte qu'ayant eu la curioſité d'en faire démolir, il avoit inutilement cherché dans le Pays des matieres ſemblables à celles du décombre, & qu'il n'avoit même trouvé ni Carriere, ni Riviere, ni Montagne qui en produiſit. Ils les tiroient ſans doute du ſein de la terre: quelles recherches & quel travail?

Si par toutes ces raiſons je ſuis ſi contraire à l'idée d'employer des Soldats à la réparation des chemins, je penſe tout différemment à l'égard des Ponts, des Canaux & des Ports de Mer.

Voilà de vrais objets du travail des troupes, parcequ'elles y sont sédentaires, qu'on peut leur y procurer toutes les commodités convenables à la conservation de leur santé ; qu'elles y sont toujours sous les yeux de leurs Commandans, & qu'en leur donnant une légere augmentation de paye on feroit une épargne considérable pour l'Etat.

Examinons maintenant le secours qu'on pourroit tirer du travail des Criminels tenus à la chaîne ; quand il n'iroit pas au quart de celui d'un Ouvrier ordinaire, on en tireroit toujours trois grands services : le premier, que ces hommes ne seroient plus, comme ils le sont maintenant, absolument perdus pour l'Etat : le second, qu'ils n'iroient plus corrompre la Societé, comme ils le font aujourd'hui, en se sauvant de la chaîne à laquelle ils sont condamnés : le troisieme enfin, seroit d'inspirer par cette peine imprescriptible plus de terreur aux scélérats, & de flétrir plus sûrement le germe du crime ; mais je serois d'avis qu'on ne répandît point ces Forçats sur les atteliers des chemins ; il seroit mieux ce me semble de les attacher à des ouvrages absolument séparés. Premierement, pour ne pas donner aux Communautés le spectacle touchant de voir des hommes travailler dans les fers, ni l'humiliation de travailler avec eux ; en second lieu, pour ne pas augmenter inutilement le nombre des Comites, un seul pouvant commander cent hommes comme dix lorsqu'ils sont rassemblés. Il faudroit les attacher à des Montagnes qu'on voudroit applanir, à des rochers, à des carrieres dont on pourroit tirer des pierres brutes, & à tous les autres travaux les plus durs, qui, en leur tenant lieu de juste supplice, procureroient le soulagement des Communautés.

Pour derniere ressource, nous avons à faire usage du travail des Mendians valides, moyen efficace d'en diminuer d'abord le nombre, & successivement d'anéantir la mendicité. On pourroit former de ceux-ci des atteliers sur les routes, en leur distribuant pareillement tout ce qu'il y auroit de plus pénible, mais je croirois également essentiel de les séparer pour les soustraire à la compassion des Communautés qui, pour être mal entendue, pourroit n'en être pas moins dangereuse à exciter. Les arrangemens pour la subsistance de ces deux classes de travailleurs seroient tout ce qu'il y a de plus facile pour le détail.

Mon objet jusqu'à présent, a été de prouver 1°. l'indispensable nécessité des Chemins. 2°. L'impuissance absolue où est l'Etat, de faire ou de réparer à prix d'argent les Ponts & Chaussées de premiere nécessité, c'est-à-dire les grandes routes; à plus forte raison les chemins du second & du troisieme ordre, dont néanmoins l'utilité influe sur celle des routes, au point que la vivification du Commerce en dépend. 3°. Les obstacles insurmontables qui s'opposent à l'idée d'employer les troupes à cette réparation, si l'on excepte les travaux sédentaires auxquels elles pourroient servir utilement. Il me paroît résulter clairement de ces preuves, que l'unique moyen d'exécuter ce grand projet est d'en charger les Communautés, en les aidant du travail qu'on peut tirer des Criminels & des Mendians.

Il ne me reste plus qu'à prouver que cette imposition qu'on

nomme corvées, peut être réduite à des conditions ſi douces, qu'au lieu d'être regardée comme *l'abomination de la déſolation ſur toutes les Campagnes*, elle y devienne la ſource des conſolations & des richeſſes ; c'eſt à quoi j'eſpere de n'avoir aucune peine à parvenir.

L'origine de l'uſage habituel des corvées pour la réparation des chemins ne remonte pas à cinquante ans. Il fût d'abord établi ſur des principes ſi faux, ſi bizarres & ſi défectueux, qu'ils ouvroient la porte au péculat & à une eſpece de brigandage. Tout le fond deſtiné à cette dépenſe, tant pour les frais des outils & autres, que pour les appointemens des Conducteurs, étoient cachés ſous l'enveloppe ou d'adjudications fictives des travaux dont on chargeoit les Peuples, ou de Baux d'entretien de Chauſſées, auparavant faites à prix d'argent; en rapportant une réception simulée de ces ouvrages, la dépense étoit passée sans difficulté dans les comptes du Trésorier Général. Ce n'est pas que cet arrangement fût criminel par lui-même & qu'il ne fût peut-être forcé pour la forme, comme je le dirai ailleurs; mais le poison, qui dépouillé de sa malignité par un habile Chimiste, devient un remede souverain, tue, s'il est préparé par un Empirique ignorant ou fripon: la différence du succès dépend de la capacité, du caractere, & des mœurs du sujet à qui l'on donne sa confiance. Le vice consistoit ici dans la plûpart des Provinces, à ne rendre aucun compte au Gouvernement de l'emploi réel de la dépense; à laisser aux confidens la liberté d'en abuser en la rendant arbitraire; à ignorer que tous les sous-ordres ſans exception, pilloient chacun dans ſa partie; que le privilége de l'exemption étoit publiquement mis en vente par les Subdélégués; que pour punir certaines Communautés de n'avoir pas gratifié les Sangſues, on les chargeoit de plus d'ouvrages qu'elles n'en pouvoient faire; à ſouffrir qu'on diſtribuât à toutes leur travail à la journée à la boule-vûe, ſans tâche & ſans proportion; qu'on les employât à des ouvrages de faveur, ſouvent perſonnels; qu'on les aſſemblât dans les ſaiſons où l'agriculture avoit beſoin du ſecours de leurs bras; que par caprice, cruauté ou ignorance on les fît venir de dix lieues; & qu'enfin les matériaux des ouvrages de maçonnerie adjugés à prix d'argent, fuſſent gratuitement portés à pied d'œuvre par les Communautés. On a peine à comprendre que l'eſprit des Ordonnateurs de bonne foi, pût être dupe à ce degré, de la bonté de leur cœur; mais quand on a long-tems vécu, de pareils évenemens cessent de surprendre. Si ce détail ne contient pas tous les genres d'iniquité dont la corvée est susceptible, c'est que je veux ignorer les autres; mais il renferme ceux dont on l'accuse communément. Oh! je reconnois qu'à ce prix la corvée est abominable, qu'on peut la comparer aux dévastations de la guerre & de la famine, & qu'il n'est pas étonnant qu'elle ait soulevé tous les cœurs & tous les esprits. Mais si au lieu de cette peinture effroyable je présente une direction éclairée, juste, sévere contre le vice, compâtissante aux peines des malheureux : si je montre un Gouvernement qui exige toutes ces parties dans les premiers & les seconds Administrateurs du détail, & dans ceux ci une exécution litterale des instructions qu'il leur donne : si les principes de ce Gouvernement sont de rendre la contribution aux chemins, générale & sans exception, pour toutes les classes sujettes à la taille : s'il regle que la plus forte tâche des Paroisses ne pourra jamais exceder douze journées de travail dans le cours d'une année, & qu'on ne les commandera jamais que dans les saisons mortes pour le travail des champs ; qu'il leur fasse distribuer l'argent qui proviendra de la corvée de représentation, ensorte que les Courvoyeurs qui auront fait leur tâche gratuitement, soient ensuite payés de celle qu'ils feront pour les contribuables qui n'auront pû ou voulu travailler de leurs mains, & que cette répartition équitable empêche désormais les Ouvriers de déserter les Bourgs & les Villages pour se réfugier

réfugier dans les Villes par l'espérance de se soustraire à la corvée : si cette taxe de représentation est si exactement imposée & si scrupuleusement régie, qu'on puisse arbitrer sans témérité qu'en la fixant à vingt sols par jour le manouvrier sera payé sur un pied raisonnable du travail qu'il avoit cru donner gratuitement, comme je l'expliquerai dans la troisieme partie : si la moindre omission dans le dénombrement est punie comme un crime, quand elle aura été inspirée par la faveur ou par la corruption : si l'on établit un tel ordre, que les fonds destinés aux frais ne sortent jamais que de la main des Trésoriers sur des décharges valables, certifiées par les principaux préposés, & visées par les Intendans ; si l'on interdit à ces Magistrats la liberté de jamais faire faire ou permettre qu'aucun ouvrage soit fait par corvées si les Plans ne leur en ont été adressés par la direction ; si l'on donne aux Subdélégués des surveillans qui répondent de leur activité, de leur vigilance & de leur désintéressement : toutes les Cours Supérieures ne donneront-elles pas leur suffrage à un Etablissement si avantageux, qui pour lors, au lieu de ruiner les Laboureurs & les Manouvriers, leur procurera un salaire qu'ils n'auroient pû gagner dans le repos? J'ai une trop haute opinion de la Magistrature, pour croire qu'elle n'apperçoive pas dans ce Plan le soulagement du Peuple & la prosperité de l'Etat ; mais il pourroit arriver que sagement rigoureuse comme elle l'est sur l'observation des Loix fondamentales, elle soutint que toute imposition est monopole, quand elle n'est pas prononcée par l'autorité légitime, par une Loi revêtue de toutes les formes que l'inſtitution du Gouvernement a preſcrites, que nos Souverains ont ſi ſouvent recommandées, & dont leur gloire & leur intérêt leur crient ſans ceſſe de ne jamais s'écarter. J'écouterois avec un profond reſpect cet oracle de la vérité, & je lui rendrois, en la confeſſant hrutement, le plus pur hommage qu'elle puiſſe attendre. Oüi, tous les bons Citoyens le publient de même; il faut une Loi qui autoriſe les corvées; qui apprenne aux Sujets que le Souverain ne veut & ne cherche que leur bonheur, qu'il n'exige de leur amour pour la Patrie que la contribution dont chacun eſt tenu ſuivant ſes forces & ſes facultés, mais qui n'en veut diſpenſer aucun qui ne le ſoit par l'ancienne Loi, afin que le poids de l'impoſition devienne plus léger pour chaque Particulier, quand il ſera réparti ſur plus de têtes. Les Intendans sont les plus intéressés à la solliciter cette Loi, qui leur rendra la confiance des Peuples & portera le calme partout; jusques là il sera toujours triste pour ces Magistrats que leur obéissance les expose à la censure des sacrés dépositaires du droit commun, & que la calomnie du premier audacieux ose s'en faire un prétexte pour semer des Libelles contre leur probité. J'essaierai donc, moi, foible & inconnu, mais impartial & ami du vrai, Citoyen adorateur du bien public, & brûlant de zele pour le service de mon Prince; j'essaierai de crayonner les dispositions de cette Loi salutaire. Soumise à l'examen scrupuleux d'un Ministere éclairé, elle recevra de lui la lumiere, la force & la dignité que je ne pourrois lui donner; & l'acclamation des Peuples en bénira la promulgation.

On met donc très injuſtement la corvée des chemins au rang des cauſes de la dépopulation, puiſque ce n'eſt point par elle-même qu'elle peut nuire, mais uniquement par l'abus qu'on en fait, ce qu'on peut dire des meilleurs Etabliſſemens. Ce reproche peut être fait à la guerre, fléau le plus deſtructeur dans nos climats parcequ'il y eſt le plus fréquent, & que ſur cent hommes qu'il enleve à l'Agriculture il ne lui en rend pas dix : il peut & doit être fait à l'inſtruction gratuite, qui rend le Payſan orgueilleux, inſolent, pareſſeux, plaideur, qui lui fait regarder le travail avec dédain, & l'incline à ſe tirer de ſon état pour devenir Huiſſier, Clerc, Commis aux Aides & aux Gabelles, ou à prendre le parti du Cloître, au point que ſi l'on recherchoit la généalogie de tous les Moines & Religieux, on trouveroit que la Charrue en fournit plus de la moitié. C'est-là qu'on peut dire *hoc fonte derivata clades.* J'ai lû dans une critique fort aigre (*a*) de l'Esprit des Loix, que *l'ignorance n'est bonne à rien.* Proposition absurde, qui contredit les faits au sens propre & au figuré. Dans le premier, le bonheur du bas peuple dépend de son ignorance, qui entretient en lui la pureté du cœur, par la simplicité de l'esprit, & ne lui laisse contre les ennuis & les dégoûts de la vie, que l'heureuse ressource du travail qui le nourrit. C'est pour lui que la sagesse a prononcé cette Sentence : *Beati qui litteraturas non cognoscunt.* Dans le sens figuré, l'Auteur n'avoit certainement pas consulté les Freres ignorans ; ils lui auroient appris que leur Institut est le premier du monde dans l'art d'acquérir, & que ce Corps lourd écrasera dans

(*a*) Lettres Analytiques.

moins de cent ans celui des Sciences & de la belle éducation, si le Ciel permet qu'ils subsistent jusques-là l'un & l'autre.

Le luxe est aussi accusé à juste titre d'être un des plus grands obstacles à la population ; mais je n'ai lû nulle part que dans les raisons qu'on en donne, on ait fait entrer celle de l'instruction gratuite, quoiqu'elle soit un de ses arcs-boutans, par la manie qu'on a de ne plus engager aucun Domestique qui ne sache lire, écrire & calculer ; d'où il suit que tous les enfans de Laboureurs se faisant Moines, Commis des Fermes ou Laquais, il n'est pas surprenant qu'il n'en reste plus pour le mariage ni pour l'Agriculture.

Mais loin que la corvée nuise à la population, je soutiens qu'elle sera propre à l'encourager, lorsque l'effroi de cet impôt sera banni par la piété du Législateur, & que les Peuples l'envisageront d'un œil tranquille & serein. La corvée entretiendra le Paysan dans l'habitude du travail, & l'empêchera pendant les saisons mortes, de se livrer à la paresse & au libertinage, deux causes certaines de la dépopulation. J'entens toujours la corvée moderée, telle que l'établira la Loi que je propose, & qui seroit digne du suffrage public, quand elle n'auroit d'autre mérite que de réprimer le Commandement arbitraire, & de mettre les Peuples à portée de se plaindre si quelqu'un osoit la violer.

En l'attendant avec toute l'impatience d'un homme qui sent vivement ce qu'il exprime de bonne foi; j'oserai dire que pour le bien du Royaume, cette Loi devroit être générale pour toutes les Provinces. Je suis bien éloigné d'oppoſer même le doute à l'équité des Priviléges dont jouiſſent les Pays d'Etats ; mais je ne crains pas de leur manquer, en ſoutenant qu'ils ſont ſoumis à la Police générale du Royaume, & que la Loi municipale n'a pas le droit d'enfraindre celle du bien commun. Qu'ils ſe régiſſent pour l'impoſition & la répartition des charges, pour l'adminiſtration de leurs deniers &c. il n'y a dans ces exceptions aucun inconvénient contre l'ordre général de la Société ; mais que les Etats de Languedoc, par une délicateſſe dont la bonté ne diminue pas les effets pernicieux, ne veuillent point uſer des corvées dans l'étendue de leur Gouvernement, tandis que la Bretagne & la Bourgogne les emploient ; qu'à l'ombre de ce Privilége qui rend ce travail odieux dans les Généralités, on faſſe attendre plus de trente ans des routes qui eussent pû être faites en six ou sept années, & dont l'imperfection arrête tout court le Commerce de trois Provinces; qu'il me soit permis de le dire, c'est une charité mal entendue, & qui mérite d'être avertie par le Magistrat suprême dont tous les Sujets sont également les enfans. Que sous le même prétexte d'une administration privilégiée, ces Etats réduisent à la largeur des sentiers celle des plus grandes routes sans y être autorisés par le Législateur, l'ordre n'en souffre pas moins. Mais je finis sur ce Chapitre, sachant qu'il me reste encore à rendre compte des Ouvrages de deux autres Départemens des Ponts & Chaussées.

CHAPITRE V.

Des Ouvrages du Pavé de Paris, & des moyens qu'on y emploie.

On ne se sert que de Pavé de grès pour les rues de la Capitale, & on y en emploie de trois qualités : le plus dur se tire des Carrieres de Pontoise, Sergi, Meri & autres lieux situés au Couchant de Paris. Celui de la seconde sorte se prend à Orsai, Palaiseau & autres Cantons du Midi. Le moins dur, & parmi lequel il s'en trouve beaucoup de tendre, vient de la Forêt de Fontainebleau ou d'autres Carrieres du confluant de la Seine au Levant. Le premier appartient aux rues les plus passantes, où aucune autre matiere ne sauroit résister; mais cette dureté empêche qu'il ſoit taillé auſſi régulierement que les autres : le ſecond eſt plus franc, ſe fend mieux, & conſéquemment eſt plus beau, mais il dure moins ; on le deſtine aux rues du ſécond ordre : on met le dernier ſur les paſſages qui ſont le moins fréquentés. Ce Pavé ſeroit le plus commode qu'on pût ſouhaiter, s'il étoit poſſible d'aſſujetir les Carriers à ſe bien équarir, & les Paveurs à le ferrer davantage. Il faut croire, après toutes les précautions qu'on prend pour réuſſir à l'un & à l'autre, qu'il eſt hors de toute eſpérance qu'on en vienne jamais à bout, & la raiſon en eſt toute naturelle, puiſqu'elle ſe trouve dans l'intérêt des Ouvriers. Celui des Carriers eſt de fournir beaucoup de Pavés, parcequ'ils les vendent au cent ; celui des Paveurs eſt, tout au contraire, d'en employer peu, à cauſe qu'ils travaillent à la toise, & que plus les joints sont larges plus l'ouvrage coute, le vuide faisant autant de superficie que le plein : il arrive cependant que ces deux défauts sont les causes principales, & de l'immense quantité de Pavés neufs qui se consomment à l'entretien, & de la promptitude avec laquelle ils s'arrondissent ; les joints en sont si grands, que les roues des voitures limant les bords des Pavés les usent bientôt, & qu'alors la superficie devient d'un glissant sur lequel les gens de pié ne peuvent tenir quand elle est humide, ni les chevaux dans les tems secs : malgré cela on prétend qu'il n'y a pas de Ville au Monde aussi bien pavée que Paris, ni où la Police porte si loin les attentions sur cette partie. Ce qu'il y a de plus difficile & de plus essentiel à observer, ce sont les niveaux de pente, pour prévenir l'engorgement des égoûts dans les tems de pluie. Paris s'étant aggrandi piece à piece, ainsi que Rome, chacun s'est assujetti dans les commencemens à la situation naturelle du terrein, sans trouver aucun obstacle dans la Police, qui pour lors existoit d'autant moins à cet égard, qu'avant Philippe Auguste il n'y avoit point de Pavé; ceux qui ont bâti à la suite des premiers ont été forcés de se regler sur leur exemple, & insensiblement ce défaut devenu général, est aussi devenu incorrigible, & en a produit un second, en ce que les Propriétaires de l'héritage inférieur cherchant à se garantir des eaux de celui qui les dominoit, ont rehaussé le plus qu'ils ont pû les seuils de leurs portes. On a remédié autant que le local l'a permis à ce dernier inconvénient; mais la crainte des puissans, ou la complaisance, n'ont fait que trop d'exceptions à la regle de suivre indistinctement, dans toutes les rues, le niveau de pente sur toute leur largeur, & de n'y laisser aucun de ces heurts dangereux, qui ne se bornent pas à renvoyer les eaux sur les maisons opposées, mais qui peuvent occasionner la nuit, & la chûte des Passans, & le versement des voitures.

Nous devons présumer que le premier Pavé de Paris fût fait aux dépens des Propriétaires des Maisons, proportionnément à leurs *devantures & faces*, comme on s'exprime encore aujourd'hui, du moins n'ai-je rien trouvé qui contredise cette opinion. Le Commissaire Lamarre qui, dans son Traité de la Police, paroît avoir épuisé les recherches sur cette matiere, rapporte un passage de Rigord, Médecin & Historiographe de Philippe Auguste, qui contient précisément, que l'an 1184, » ce Prince ne pou- » vant résister aux insupportables » exhalaisons qui sortoient des » immondices des rues, & qui » pénétroient jusques dans son » Palais, ordonna au Prevôt de » Paris, de faire paver de pier- » res dures toutes les rues & tou- » tes les Places publiques de la » Ville. Mais ce passage n'apprend point sur quels fonds la dépense de cet ouvrage fut prise; il laisse au contraire quelque doute que ce fût sur les Bourgeois, » par- » cequ'elle étoit si forte que cette » seule considération avoit em- » pêché les Rois prédécesseurs de » l'entreprendre. Il faut donc re- courir à l'usage, le meilleur in- terprete des Loix, quand l'His- toire ni les Registres publics n'en ont pas conservé la lettre, & con- clure que cet usage qui subsiste encore, n'ayant point varié dans les tems subséquens à Philippe Auguste, il fût le même à l'origine du Pavé.

Nous ne sommes pas dans la même incertitude à l'égard de l'entretien. Il fut d'abord mis & resta pendant plus de deux siecles à la charge des Propriétaires ainsi que le nettoiement des rues; mais ce service ayant été négligé par cette raison qu'il étoit à leur charge & à leurs soins, le pavé tomba dans le dépérissement. Les guerres qui troublerent l'Etat pendant le regne de Charles V, aggraverent le mal au point que Charles VI fût obligé de rendre le premier Mars 1388 des Lettres Patentes pour rétablir l'ancienne regle. Elles enjoignoient au Prevôt de Paris de contraindre tous les Habitans, chacun en droit soi, sans aucune distinction de rang, noblesse, autorité ni privilége, à l'enlevement des boues & immondices, & à la refection du Pavé, à la seule exception des lieux & places qui étoient à la charge du Domaine, & de la Ville; mais les Princes, » les Seigneurs Haut-Justiciers, » & les gens d'Eglise, furent les » premiers à interrompre ce bon » ordre. Ils prétendirent être pri» vilégiés & exempts de la contri» bution au Pavé: il y eût à ce » sujet beaucoup de Procès dont » le Parlement fut saisi; mais » comme dans le cours des con» testations le Pavé étoit aban» donné, M. le Procureur Gé» néral eut recours au Roi. » Ce Prince, par de nouvelles Lettres du 5 Avril 1399, plus pressantes que les premieres, réitera les mêmes injonctions, même contre les gens d'Eglise défaillans, dont il ordonna que le temporel seroit saisi.

On distinguoit alors le Pavé

des rues, qui étoit à l'entretien des Bourgeois, de celui des Chaussées des avenues de Paris & de la Banlieue; le produit du barrage avoit été destiné de tout tems à l'entretien de celui-ci; mais par un abus qui seroit incroyable s'il n'y avoit que trop d'exemples de tous les genres d'infidélité, le Visiteur du Pavé qui avoit la dispensation du produit de ce droit, en étoit le Fermier, au moyen de quoi toutes les tromperies qui peuvent masquer un ouvrage & le rendre vicieux, tomboient sur celui-ci. Elles sont rapportées dans une Déclaration du 28 Mai 1400, par laquelle le même Prince réprima cette Criminelle administration.

La dépense du Pavé des rues, des Chaussées d'avenue & de la Banlieue de Paris se prenoit donc sur quatre natures de fonds. 1°. Sur ceux du Domaine, pour ce qu'on nommoit la croiſiere, qui comprenoit une aſſez grande étendue. 2°. Sur l'Hôtel-de-Ville pour les Places & Quais qui la regardoient. 3. Sur les Bourgeois pour les rues. 4. Sur le barrage pour les Chauſſées des abords & la Banlieue.

Cet arrangement ſubſiſta juſqu'en 1609, auquel tems Henri IV pourvut de fonds ſuffiſans, tant à l'entretien du Pavé qu'au nettoiement des rues, & déchargea les Bourgeois de leurs engagemens.

Mais Louis XIII, par une Déclaration du 9 Juillet 1637 rétablit la contribution des Habitans ſous une autre forme, en la leur faiſant payer en deniers, ſuivant les rôles des taxes qui en devoient être arrêtés par les Juges; appellés avec eux deux Bourgeois de chaque Quartier.

Enfin, par Arrêt du 21 Août

1638, & un Edit du même mois, le Roi augmenta les anciens & nouveaux droits du barrage qui se percevoient aux portes, & ceux dont la Ville jouissoit sur les avenues des Chaussées de Paris, les unit & les incorpora tous ensemble, & en destina le produit à l'entretien du Pavé ; par où le Domaine, la Ville & les Propriétaires des Maisons furent tous déchargés de cette dépense, & les choses sont toujours demeurées depuis ce tems-là dans le même ordre. J'ai extrait tout ce précis du Traité de la Police, déja cité, mais je dois y ajouter qu'il y a quelques exceptions à cette décharge générale : les banquettes des Quais, Ports & Ponts sont à la charge du Domaine & de la Ville, & les Cloîtres à celle des Chapitres. Il n'y a plus d'autre distinction.

Les Chaussées des Banlieues

ſont compriſes dans le même bail, faites & entretenues du même Pavé ; non-ſeulement à cauſe que le grès y eſt plus commun que toute autre matiere ; mais encore parcequ'elle eſt d'un plus facile entretien ſur des paſſages auſſi fréquentés que les abords de la Capitale, où ſouvent les voitures ſe touchent : j'ai pourtant oui-dire que depuis quinze à vingt ans, on avoit conſtruit une Chauſſée de cailloutis entre Paris & Verſailles, & qu'elle avoit été rendue très ſolide.

Quoique le bail dont je viens de parler ne ſoit cauſé que pour l'entretien, on y emploie en dépenſe deux mille toiſes de Pavé neuf, dont la deſtination eſt réſervée au Miniſtre ; ce Pavé ſert ou à faire de nouvelles communications dans la Banlieue pour l'approviſionnement de Paris, ou à élargir les Chauſſées des abords, étant tout naturel qu'elles ſoient plus amples que hors des Banlieues où le concours des voitures eſt infiniment moindre.

Sans vouloir d'une magnificence outrée comme celle des Romains pour les avenues de la Capitale, je ſouhaiterois qu'elles fuſſent uniformes dans le cours d'une lieue ſur toutes les grandes routes, & reglées ſur le modele de l'avenue Saint Denis, c'eſt-à-dire plantées d'un double rang d'arbres, & terminées par un bel arc, accompagné de deux portes latérales, comme ceux des portes Saint Denis & Saint Martin, avec cette différence que ceux-ci ſeroient fermés de grilles, à l'exemple de la Barriere de la Conférence & non de ces planches groſſieres qui reſpirent la baſſeſſe & la pauvreté d'un Village, & doivent exciter la raillerie des Etrangers. *Hæccine eſt urbs di-*

centes filia magni Regis. On pourroit même se réduire à de simples grilles de fer comme à la barriere qui conduit à l'Etoile du Cours, & alors il seroit facile de trouver sur-le-champ le fonds de cette dépense, sans qu'il en coûtât rien à la Ville déja surchargée; au Domaine, ni à l'Etat: il n'y auroit qu'à l'imposer aux Fermiers Généraux par forme de pot-de-vin, comme une charge très juste de la jouissance d'un Domaine qui les enrichit: je sais que cette proposition a été faite il y a près de trente ans; mais c'étoit alors le puissant regne de la Finance, & le Ministere la refusa; si néanmoins il est vrai que l'opulence des meubles & la dignité (*a*) intérieure du Palais d'un grand Roi imposent aux Etrangers qui viennent le voir,

(*a*) Testament politique du Cardinal de Richelieu. ch. VII.

quel

quel effet ne doit pas faire sur eux un premier abord qui annonce sa puissance ? Celui de Versailles est dans ce cas : il se sent de la grandeur de Louis XIV, qui la répandoit sur tous ses ouvrages ; mais quelle route entre l'avenue & Paris ! partout hors du Village deSévre elle devroit avoir soixante pieds de largeur entre quatre rangs d'arbres. La source de Chaville qui forme un Ruisseau, pourroit être conduite par un Canal qui serviroit de décharge aux Etangs de Versailles, & se jetteroit dans la Seine par l'embouchure d'un Aqueduc. La montagne qui est entre Sévre & Chaville étant applanie, fourniroit assez de terres pour adoucir ses rampes des deux côtés. A Sévre un vaste abord en demi-lune ouvriroit l'entrée à un Pont magnifique, orné de trotoirs & de supports pour des lanternes : de la ſortie de ce Pont, un ſeul alignement conduiroit juſqu'à la Savonnerie, en reculant les murs des bons Hommes; & cet alignement du Pont à la naiſſance du Quai de Chaillot, ſeroit bordé de deux rangs d'arbres, tant ſur le terre-plein que ſur la levée. O Paix! favorable Paix; venez fournir à notre nouveau Colbert, les moyens d'exécuter ce grand projet; c'eſt à un pareil ouvrage qu'on pourroit occuper des troupes raſſemblées, pendant qu'on attacheroit les pauvres valides à la Montagne de Saint Germain, & les Criminels à la deſcente dans Fontainebleau.

CHAPITRE VI.

Des ouvrages des Turcies & Levées.

SI tout ce que j'ai dit dans la premiere Partie de cet Essai sur les Turcies & Levées, prouve leur antiquité, cette antiquité ne prouve pas moins qu'il ne faut être surpris ni de la mauvaise disposition de cet ouvrage, ni des vices de sa construction; l'ignorance de ces siecles reculés étoit extrême en ce genre : celle des tems qui leur ont succedé jusqu'à M. Colbert, n'étoit pas moindre dans les hommes à qui la direction de ces travaux étoit confiée; & par une fatalité qui n'est que trop commune, cette ignorance a prévalu encore dans la suite des tems sur les lumieres des hommes d'art attachés à ce Département; au moyen de quoi tout ce qu'on y avoit fait jusqu'en 1733 pour garantir des inondations le plus beau, dit-on, & un des plus fertiles Pays de la France, étoit précisément la cause qui les rendoit mille fois plus ruineux qu'ils ne l'eussent été s'il n'y avoit point eu de Levées. Tout ce que je dirai sur ce sujet sera tiré d'un mémoire fait de main de Maître, qu'un Ami m'a communiqué, & au style ni à l'ordre duquel je ne changerois rien, s'il pouvoit quadrer au plan & à la précision de cet écrit.

Il n'est pas douteux que le Commerce n'ait été le premier objet des ouvrages construits dans le lit & sur les bords des Rivieres de Loire & d'Allier. La quantité prodigieuse de sable qu'elles entraînent dans leurs crues y auroit rendu la navigation imposſible ou d'une extrême difficulté, ſi en reſſerrant leurs lits on ne les avoit forcées à pouſſer & à emporter néceſſairement dans leur état ordinaire, une partie des ſables qu'elles apportent par leur gonflement; c'eſt pour cela que dans l'étendue de l'Allier & dans la partie de la Loire au-deſſus de Gien, on s'eſt borné de tous les tems à ne faire que les ſeuls ouvrages qui peuvent aſſurer la navigation: les Vallées où elles coulent ſont étroites, la Plaine de part & d'autre d'une médiocre largeur, & l'on s'inquiete d'autant moins de l'inondation des Pays ſitués ſur leurs rives, que les bords en ſont élevés de dix à quinze & ſeize pieds au-deſſus des baſſes eaux; d'ailleurs ces Rivieres, la Loire principalement, dépoſent ſur les terres qu'elles inondent un limon qui les fertiliſe & qu'on nomme *Laye*.

Au-dessous de Gien & jusqu'à Angers, la même raison du Commerce exigeoit plus d'ouvrages pour resserrer le lit de la Loire, beaucoup plus large dans cette partie ; à cet intérêt se joignoit celui de conserver les biens de la terre, d'autant que les bords du Fleuve y sont peu élevés au-dessus des basses eaux, & que les moindres crues inondant des Plaines immenses, faisoient perdre des fruits d'autant plus précieux, que la *Laye* bienfaisante déposée par chaque crue fécondoit prodigieusement les terres. Si les périodes de ce bienfait eussent été aussi heureusement reglés que ceux du débordement du Nil, il eût été de l'intérêt des Propriétaires Riverains, qu'on assujetît la hauteur des levées au seul usage de la navigation, & que leurs héritages exposés à l'inondation lorsqu'ils n'étoient pas ensemencés, leur eussent promis une moisson plus abondante ; mais par malheur, ces inondations n'arrivent communément qu'aux mois de Mai ou de Juin, ensorte qu'à la veille de la récolte ce Païs étoit entierement submergé. La commisération pour les Peuples & l'intérêt de l'Etat, firent regler la hauteur des levées à quinze pieds, sans aucune distinction ni de la largeur du lit ni de ses pentes. Tel étoit leur état à la fin du siecle passé, pendant le cours duquel elles avoient souvent éprouvé des ruptures qui firent des désordres prodigieux.

On s'apperçut enfin, après un semblable accident survenu en 1706, que la Loire n'avoit pas entre les Levées l'espace que pouvoit occuper son volume dans le tems des grandes crues ; mais au lieu d'en conclure que la restitution de cet espace étoit le seul remede convenable, on se détermina après bien des réflexions, sur lesquelles les Ingénieurs seuls ne furent pas écoutés, à exhausser de six pieds les Levées, ce qui les portoit au total à vingt-un pieds, & rassuroit mal-à-propos le Public contre les plus grandes crues, qu'on n'avoit vû monter qu'à dix-huit pieds.

A cette précaution on ajouta celle de former des déchargeoirs de superficie à quinze pieds de hauteur au-dessus des basses eaux d'Eté; mais outre qu'on les construisit misérablement, on ne leur donna que cent toises de longueur, ce qui ne suffisoit pas dans les tems de crue à détacher du volume principal de la Loire une cinquantieme partie.

Les Levées étoient dans cette situation en 1733, lorsqu'une crûe arrivée au mois de Mai, fit des ravages affreux dans la Touraine, tant par une infinité de brêches que par la démolition de ces fragiles déchargeoirs. Sur le rapport qu'on avoit fait au Gouvernement dès 1727 du péril continuel où étoient les Provinces que baigne la Loire, tant par la mauvaise disposition des Levées que par l'infidelité avec laquelle étoient exécutés les ouvrages qui leur servoient de défense & de revêtement ; la Direction avoit formé la plus forte résolution d'y remédier autant que la prudence humaine & les secours que le Roi accordoit à ce Département pourroient le permettre : on avoit pris le parti d'ordonner que cette Carte dont il a été parlé au Ch. VIII de la premiere partie fût levée, alors on fit dresser par le célebre Ingénieur attaché à cette matiere, un Mémoire exact des causes auxquelles il falloit attribuer tant de calamités, & il les trouva telles que je les ai rendues en abrégé.

Il seroit inutile de raisonner ici sur l'aveuglement qui pendant tant de siecles a fait ajouter faute sur faute, & vice sur vice dans ce Département; mais il ne doit pas l'être de dire qu'on a reconnu en 1733, par une expérience faite au-dessus de la Charité, qu'il étoit très facile de calculer exactement comme on l'a fait, tout le volume d'eau que la Loire grossie par l'Allier peut donner dans ses plus grandes crues, & de déterminer sur ce repaire quelle devoit être la hauteur des Levées aux endroits où il étoit possible & nécessaire d'en construire, en conciliant ces vûes générales avec la situation de quelques Villes au bord de la Riviere & avec l'étendue des arches des Ponts dont elle est traversée. Il étoit aussi aisé en con-

ſultant la pente naturelle du terrein, de les diſpoſer de telle façon qu'elles ne puſſent être dé-
gradées : mais toutes ces attentions n'ayant pû vraiſemblablement être faites juſqu'au dix-ſep-
tieme ſiecle par l'ignorance des
précédens ; il ſeroit inconcevable
que même pendant le Miniſtere
de M. Colbert, tant d'intérêts
réunis n'euſſent pas inſpiré la
moindre curioſité de faire cette
épreuve, dont la facilité ſaute aux
yeux, ſi je n'avois annoncé à quel
genre d'inſpection une partie ſi
eſſentielle étoit confiée : dumoins
devoit-on reconnoître en 1706
la ſource du mal, & ſi pour lors
on s'étoit déterminé à détruire
les Levées nuiſibles ; à reculer celles qui reſſerrent trop le lit de la
Riviere, & à donner à toutes la
hauteur relative aux principes
d'où on ſeroit parti, je ſuis très
perſuadé que cette hauteur à ja-

mais invariable, n'auroit pas coûté jusqu'à présent les sommes immenses qu'on a dépensées à réparer les accidens arrivés par l'ignorance & l'infidelité. Il n'est plus tems, l'entreprise seroit trop considérable pour ne pas effrayer, & peut être trop longue pour réussir ; quoiqu'en matiere d'Etat le courage qui enfanteroit un semblable projet fût plus digne de louange que de soupçon de témérité : le principe reconnu au point où il l'est, les lumieres du génie portées au degré où elles sont ne pourroient-elles pas produire des plans certains des emplacemens & des dispositions qu'il faudroit donner aux nouvelles levées dans les endroits les plus pressans ? Leur éloignement des anciennes qui pourroient subsister seroit-il partout si considérable qu'on ne pût les coudre ? Je ne m'étendrai pas davantage ſur cette idée, perſuadé que ſi elle avoit quelque lueur de convenance & d'utilité, elle ſeroit bientôt cavée à fond par de meilleures têtes que la mienne.

Les ouvrages qu'on fait depuis trente ans pour garantir les Levées, ſont réduits je crois, autant que je l'ai oui dire, à des revêtemens de pieux, charpente & maçonnerie, qu'on nomme *percés avec bâtis ou ſans bâtis*, crêches & autres, dont le ſeul deſſein ou un devis en forme, peuvent ſeuls faire entendre les différentes conſtructions: on y faiſoit autrefois des murailles, des talus & autres ouvrages déplorables qui ne pouvoient réſiſter aux moindres efforts de l'eau.

On fait auſſi des Pavés à la ſuperficie; mais plus ordinairement on n'y met que des enſablemens.

Fin de la ſeconde Partie.

ESSAI SUR LA VOIRIE, ET LES PONTS ET CHAUSSÉES DE FRANCE.

TROISIEME PARTIE.

DU DROIT QUI REGIT LES PONTS ET CHAUSSÉES ET DES FORMES QU'ON Y SUIT.

CHAPITRE PREMIER.

De la Jurisdiction de la Voirie.

PARMI les accusations qui ont dégradé la mémoire de Justinien, on n'a pas oublié l'inconstance

& la contradiction de ses Loix (*a*). Un Auteur illustre de nos jours observe que la Jurisprudence a plus varié en quelques années sous cet Empereur, qu'elle n'a fait parmi nous dans les trois derniers siecles de la Monarchie : il auroit dû, ce me semble, excepter de cette proposition notre Jurisprudence de la Voirie, n'y en ayant pas qui ait éprouvé autant de changemens, ni qui soit plus propre à soutenir le pour & le contre sur la même question : ce que j'en ai dit jusqu'à présent donne lieu de n'en point douter ; ce qui m'en reste à dire le démontrera, & c'est ce qui me fait souhaiter si ardemment une Loi générale, qui fixe invariablement nos idées & nous fasse marcher droit au bien public, en levant tous les obstacles qui s'opposent à la réparation des chemins.

(*a*) Grandeur & décad. des Romainr, ch. 20

Le Département des Ponts & Chaussées, tel que je l'ai décrit, est la Voirie elle-même, prise au sens le plus général & le plus composé, puisqu'il embrasse sa direction principale & particuliere, la construction, l'entretien & l'inspection des édifices qu'elle a pour objet, leur conservation contre les délits ; enfin tout ce qui peut intéresser la manutention de l'ordre & de la discipline : mais prise au sens propre dans lequel je dois maintenant la traiter, la Voirie demande une définition plus précise ; c'est alors une portion de la police de l'Etat, dont l'administration appartient au Souverain comme un attribut essentiel de la Seigneurie publique.

Je crois cette définition exacte, elle eût du moins été jugée telle au Tribunal du Peuple Romain, qui n'admit jamais de partage dans ſon autorité ; mais il n'eſt pas encore décidé qu'elle ſoit ſuffiſante pour nous, parce-qu'on prétend que nos Rois ont cedé aux grands du Royaume & par contre-coup à de petits Sujets, une portion de cette Seigneurie publique pour la direction des chemins. L'opinion univerſelle où l'on eſt que la Monarchie incline beaucoup plus à étendre ſes droits qu'à les reſtraindre, rendroit incompréhenſible que les Conquérans des Gaules & leurs Succeſſeurs euſſent fait cette breche à leur puiſſance, ſi l'Hiſtoire ne nous avoit conſervé les preuves d'une ſingularité ſi ſurprenante. Comme cet évenement eſt la ſource de toutes les conteſtations qui ſe ſont élevées ſur l'exercice de la Voirie, & qui ont enfanté des queſtions épineuſes dont la ſolution embarraſſe les plus ſavans, j'en tirerai la narration d'un Jurisconsulte (*a*) célebre qui a traité cette matiere à fond, sans que je veuille par-là garantir l'exactitude de son rapport, d'autant qu'il ne l'appuie sur aucune autorité, & que l'arrangement méthodique qu'il y met n'est pas vraisemblable. En effet, l'Histoire justifie d'un côté que les Francs n'ontpas conquis si promptement toutes les Gaules; & de l'autre, elle ne nous apprend rien sur la maniere dont on fit le partage des terres après la conquête. L'opinion la plus commune (*b*), est qu'ils en garderent les deux tiers, & qu'ils laisserent le surplus aux Naturels du Pays, à l'exemple des Bourguignons & des Visigots qui s'y étoient établis avant eux; d'ailleurs Clovis ne conquit pas à main armée tous les Peuples qu'il rangea sous son

(*a*) Loiseau, Traité des Seigneuries, ch. 4.
(*b*) L'Histoire du P. Daniel.

obéïssance ; il y en eût plusieurs qui s'y soumirent volontairement, & qui sans doute, firent par-là leur condition meilleure : voici cependant comme cet Auteur en parle.

» Quand les François eurent, » dit-il, conquis les Gaules, ils » confisquerent toutes les terres » des Vaincus, & hors celles » qu'ils retinrent au Domaine du » Prince, ils distribuerent toutes » les autres par climats & territoi- » res aux principaux Chefs & Ca- » pitaines de la Nation ; donnant » à tel toute une Province à titre » de Duché ; à tel autre un Païs » de frontiere à titre de Marqui- » sat ; à un autre une Ville avec » son territoire adjacent à titre » de Comté ; bref à d'autres, des » Châteaux ou Villages, avec » quelque terrein à l'entour, à titre » de Baronie, Châtellenie ou sim- » ple Seigneurie, selon les méri-

» tes particuliers de chacun, & » ſelon le nombre de Soldats qu'il » avoit ſous lui; car c'étoit tant » pour eux que pour leurs Soldats.

Il obſerve enſuite que cette diſtribution fût faite à l'imitation de celle qu'ils trouverent établie par les Romains: ceux-ci ſe voyant hors d'état de réſiſter aux invaſions des Barbares, qui de tous côtés inondoient l'Empire, ne trouverent pas de reſſource plus prompte ni plus ſûre, pour garantir des incurſions continuelles des Francs & des Germains ce qui leur reſtoit dans les Gaules, que d'en remettre les frontieres à la garde de leurs meilleurs Soldats, & de leur en donner la jouiſſance, pour les exciter par leur propre intérêt à les défendre plus vaillamment; mais ils ne leur accorderent cet uſufruit que par forme de bénéfice, & pour le tems ſeulement pendant lequel ils continueroient de ſervir ; au lieu que nos Souverains donnerent tout, & le donnerent en propriété, ſans faire attention que tous les Hommes deviennent ingrats quand ils peuvent l'être impunément, & qu'ils oublient le bienfait, dès qu'ils ſont aſſez forts pour ſe paſſer du Bienfaiteur. Il eſt vrai qu'en ne s'écartant pas tout-à-fait de l'exemple des Romains, ils mirent d'abord à l'excès de leur libéralité deux conditions qui auroient pû en empêcher l'abus s'ils ne s'en étoient jamais départis ; l'une fût de donner les terres à titre de Fiefs relevans d'eux, c'eſt-à-dire à la charge du ſervice militaire ; l'autre de réſerver que les dons ſeroient amovibles à la volonté du Souverain : mais bientôt ce qui n'avoit été concedé qu'à tems incertain, fut accordé à vie, & ſucceſſivement à perpétuité ; enſorte que le Patrimoine de l'Etat devint celui de chaque Particulier.

A cette derniere faute, on ajouta celle de permettre que les Grands feudataires cédassent une partie de leurs possessions à titre de Fiefs relevans d'eux.

Quant aux terres qu'ils laisserent aux Vaincus, elles furent soumises à un cens ou redevance annuelle.

Telle fut en France l'origine des grands Fiefs, des arriere-fiefs, des censives & de tout ce qui a formé avec le tems la Jurisprudence féodale ; labyrinthe impénétrable, dans lequel on dit que nous apprîmes aux Lombards à se conduire, & que nous aurions sagement fait de leur abandonner ; l'Etat en seroit plus riche, si les titres n'avoient pas amoncelé les propriétés ; si les terres n'étoient chargées que du tribut envers le Prince, & qu'il n'y en eût point d'exemptes de cette commune contribution.

Quoi qu'il en ſoit, il arriva que les Serfs & les Vaſſaux étant toujours ſous les yeux de leurs Seigneurs & toujours éloignés du Souverain; ne le voyant jamais qu'à la guerre, & n'étant point à portée de ſe faire entendre de lui, s'habituerent facilement à ne reconnoître d'autre Maître que le Sujet qui les commandoit; c'en étoit déja beaucoup trop contre la puiſſance ſuprême, mais le mal fût porté à ſon dernier période, par l'uſage où étoit la Nation d'attribuer aux Officiers qui commandoient à la guerre, la fonction de rendre la Juſtice. Cette prérogative ſe trouvant jointe déſormais à la dignité des Fiefs, il fut facile de les confondre dans la perſonne des Seigneurs; quoique dans l'eſſence des attributs il n'y eût rien de plus diſtinct, puisque le Fief étoit tenu à titre de propriété, & que le commandement des armes ainsi que l'administration de la Justice avec tout ce qui en dépend, ne pouvoient être tenus qu'à titre d'office; même de charges & de devoir envers le Prince: mais la cupidité trouve toujours des prétextes pour envahir & des raisons pour justifier ses forfaits. Tant que les Seigneurs mériterent le nom de *Fideles*, l'Etat ne s'apperçut point des maux qui pouvoient naître de cette union de la Justice à la propriété des Fiefs; quand devenus puissans ils méconnurent ouvertement l'autorité légitime, l'Etat dut sentir vivement le vice de cette institution, qui non-seulement l'énervoit en divisant sa puissance, mais qui alloit le déchirer par des guerres civiles d'autant plus cruelles que la semence en étoit répandue

due ſur toute la ſurface du Royaume : les Seigneurs prétendirent, & le ſoutinrent à main armée, que la Juſtice étoit inhérente à leurs Fiefs ; qu'ils avoient droit de la rendre en leurs noms, ſauf la foi & l'hommage qu'ils en devoient au Roi, & qui n'étoit déja plus qu'une forme : bien-tôt ils traiterent avec lui de Couronne à Couronne, & l'on vit s'élever autant de Souverains qu'il y avoit auparavant d'Officiers du Palais. Dans cet ébranlement violent de la Monarchie chaque Uſurpateur fit des Reglemens à ſon gré : la Loi commune ne fut plus écoutée, & delà vint cette ſurprenante multiplicité de Coutumes dont la différence feroit croire à un Etranger que les Peuples qui les ſuivent ne vivent pas ſous un même Gouvernement, puiſqu'ils ne reconnoiſſent pas les mêmes Loix.

La Voirie eut encore plus de part au désordre que les autres parties de la Justice ; quand on cherche la nature de cette Jurisdiction dans les vestiges obscurs que ces bizarres Coutumes nous en ont conservés, on ne peut pénétrer si c'est le Tribunal qui a donné son nom à la Voirie, ou si c'est la Voirie qui a donné le sien au Tribunal.

Si cette révolution eût entraîné à sa suite la ruine entiere de la Monarchie, il ne seroit pas surprenant que les Peuples qui s'étoient soumis à des Loix particulieres y fussent restés assujetis, ni que ces nouveaux Maîtres eussent joui de leur puissance aussi pleinement que si elle avoit été légitime, puisque cette force même leur auroit tenu lieu de droit, & qu'à tout prendre elle ait été dans tous les tems le titre le plus ordinaire de la Souveraineté ; mais la Couronne de France ayant toujours ſubſiſté depuis la conquête, & nos Rois de la race regnante, ayant (*a*) » par » une ſuite de prudence dont ils » ne s'écarterent jamais, regagné » inſenſiblement tout ce qui avoit » été uſurpé par les Seigneurs, « on ne comprend pas qu'ils n'aient point effacé juſqu'aux dernieres traces du pouvoir qui avoit été ſi funeſte à leurs Prédéceſſeurs ; je veux dire qu'ils n'aient pas révoqué ſolemnellement toutes les prérogatives des Fiefs, dont la ſeule apparence pouvoit choquer le pouvoir ſuprême comme celle de la Juſtice, & de la Juſtice tenue en propriété ; ni qu'au lieu de proſcrire ces Coutumes, fruits de la barbarie dont la plûpart obſtruent le Commerce & s'oppoſent à la population par un injuſte partage des biens, ils aient

(*a*) Hiſtoire Chronologique de France.

jugé à propos de les autoriser en les vivifiant dans leurs Parlemens. Sans doute les circonstances des tems les ont forcés à ces Actes de complaisance, contraires à leurs intérêts & à celui de l'Etat; mais c'est toujours par-là qu'ils ont fait renaître dans l'esprit des nouveaux Seigneurs l'idée de se croire parfaitement subrogés aux anciens, & de regarder leur Justice *comme un bien patrimonial*, qui leur donnoit droit à la Seigneurie publique. Ce préjugé s'est tellement accrédité, surtout depuis que les Fiefs ont été regardés comme compatibles avec le Sacerdoce, qu'il n'y a point de matiere dans la Jurisprudence sur laquelle les Jurisconsultes se soient tant excercés, ni qui ait plus partagé leurs sentirnens : il passe néanmoins pour constant, & c'est une maxime généralement (*a*) re-

(*b*) Bacquet, des droits de Justice, ch. 4.

que en France, « *que la Justice*
» *& le Fief n'ont rien de commun*
» *ensemble*, & qu'aucun Seigneur
» ne peut prétendre Justice en
» aucun Fief sans titre particu-
» lier, concession ou permission
» du Roi ou de ses Prédécesseurs
» Rois de France. » A l'égard de la Voirie, qu'elle fasse ou non partie de la Justice, car c'est encore une question, on croit qu'elle appartient au seul Souverain comme étant du ressort de la Police générale : on cite au soutien de cette opinion, les Loix Romaines qui (*a*) mettent la Voirie au rang des droits régaliens dont la propriété ne peut être cédée qu'en cedant la Souveraineté.

Ceux au contraire qui défendent la cause des Seigneurs, soutiennent que le droit de Justice

(*a*) Viæ publicæ de regalibus sunt, sive juribus ad Regem pertinentibus. Leg. 2. §. Viam publicam, ff. de via publ.

eſt propre à leurs Fiefs, & que la Police dont la Voirie eſt une des principales portions, faiſant partie de leur Juſtice, ils ont droit de la faire exercer ſur tous les chemins ſitués dans l'étendue de leurs Domaines. Loyſeau, entr'autres prenant l'affirmative de cette propoſition, ne doute point que les Seigneurs n'aient *en propriété* cette portion de la Seigneurie publique, qui leur donne le droit de nommer des Juges pour l'exercer, de même que celui de faire des Reglemens, pourvû qu'ils ſe conforment à la Police générale du Royaume ; mais il ne fonde ſon avis que ſur l'uſurpation des anciens Seigneurs, qui n'étant d'abord qu'Officiers du Prince, s'emparerent enſuite de la Seigneurie publique. N'eſt-il pas permis de douter que l'uſurpation puiſſe faire un titre du Sujet au Souverain ? Je reviens à mon argument. La Monarchie Françoise a été démembrée, presqu'entierement dépouillée, mais jamais dissoute ni détruite : l'Etat est toujours resté dans ses droits envers les Usurpateurs ; & il n'a jamais cessé de faire valoir ces droits, quand il a eu la force nécessaire pour les soutenir. Si donc les Seigneurs n'opposoient que l'usurpation de leurs Prédécesseurs, leur cause ne seroit pas même colorée d'un prétexte apparent ; mais ils allèguent les confirmations de nos Rois, depuis la réunion des Domaines usurpés, des reconnoissances sans nombre dans les Ordonnances & les Edits, & enfin de nouvelles concessions avec les mêmes prérogatives. C'est de-là que Bacquet (*a*), déja cité, & de qui le sentiment est d'un grand poids, fait dépendre la raison de déci-

(*a*) Traité des droits de Justice, ch. 28.

der. Il dit nettement que le Haut-Jufticier n'a point droit de Voirie, s'il n'en a le titre, ou une poſſeſſion immémoriale.

On feroit un gros volume du ſeul extrait des différens Auteurs qui ont agité cette queſtion, & l'on ſent bien que dans l'indéciſion où elle eſt reſtée, il ne me conviendroit pas de prendre parti. Si je ſuivois mon ſentiment je donnerois au Roi le droit entier ſur la voie publique, avec l'exercice excluſif de ce pouvoir ſur tous les grands chemins : aux Seigneurs le droit précaire comme l'exerçant ſous l'autorité du Souverain, ſur les chemins vicinaux ſeulement; mais en ne leur laiſſant que la liberté de lui préſenter des Juges, je voudrois que celui qui ſeroit agréé par le Prince fût tenu de prendre l'attache du Juge Royal après avoir ſubi ſon examen. Je vois que le plus grand nombre des Savans s'est réuni au fonds de cet avis, & que la Jurisprudence du Conseil s'y rapporte, avec ces deux différences à la vérité fort essentielles, qu'il laisse le droit de Voirie aux Seigneurs comme propre & patrimonial, de même que la nomination de leurs Juges. Du reste, il donne au Roi la Jurisdiction entiere sur les grands chemins, & aux Seigneurs celle des chemins vicinaux, en leur imposant l'obligation de se conformer aux Reglemens de la Police générale du Royaume; c'est donc en conséquence de cette Doctrine que je vais diviser la Jurisdiction de la Voirie en deux parties, l'une Royale, l'autre Seigneuriale.

CHAPITRE II.

De la Voirie Royale.

Il feroit inutile d'entrer dans l'énumération & le détail de toutes les variations & contrariétés que j'ai reprochées à l'exercice de cette Jurifdiction : ce que j'en ai dit fuffira pour donner une idée du défordre que devoit produire cette multiplicité de Juges qui fe croifoient continuellement & dont aucun ne rempliffoit fes devoirs pour le bien public, parce-qu'ils avoient tous un prétexte plaufible de ne pas y veiller, & qu'en fuppofant même dans quelques-uns la meilleure volonté, ils ne pouvoient qu'être détournés du defir d'en donner des preuves par l'oppofition inépuifable qu'ils trouvoient dans leurs rivaux, & par les conflits de Juriſdiction dont la fréquence devoit néceſſairement les rebuter. Il faut une patience plus qu'humaine, pour réſiſter à un combat continuel de mille aſſaillans réunis; quand, loin d'être ſoutenu, on eſt preſque toujours abandonné. Mais depuis l'Edit de 1627, qui attribue cette Juriſdiction aux Tréſoriers de France privativement à tous autres Juges, il ſemble que la paix auroit dû ſuivre d'une jouiſſance non interrompue de cent trente-deux ans; & néanmoins cette poſſeſſion n'eſt pas encore paiſible. Il eſt peu d'années où le Conſeil ne ſoit ſaiſi de quelques nouveaux débats, quoiqu'en général il ſoutienne le privilége excluſif de ce Tribunal, & que s'il s'eſt porté à y faire quelquefois des exceptions, on ne puiſſe l'imputer qu'à la ſurpriſe ou au deſir qu'il a eu de laisser grossir le nombre des préjugés contradictoires, pour en tirer les principes d'une Jurisprudence plus certaine. En attendant les preuves que je donnerai de cet exposé, je vais tâcher d'expliquer brievement en quoi consiste l'exercice de la Voirie Royale, & quels sont ses objets dans le fait & dans le droit.

On la divise en deux parties : grande & petite Voirie.

La premiere s'étend sur tous les grands chemins du Royaume, sans aucune exception de territoire, en y comprenant les rues des Villes & Villages qui font partie de ces chemins, & toutes les communications que le Roi juge à propos de faire ouvrir ou réparer, qui dès-lors deviennent chemins Royaux.

La petite Voirie consiste dans la Police ordonnée aux Habitans des Villes, sur l'apposition des ſeuils, bornes, étaux, éviers, balcons & autres édifices faiſant ſaillie ſur la voie publique.

Il faut diſtinguer encore dans l'une & dans l'autre les fonctions matérielles & la Juriſdiction. Celles-là pour les grands chemins appartiennent aux Officiers des Ponts & Chauſſées, Commiſſaires du Conſeil, Inſpecteurs, Ingénieurs, &c. comme nous l'avons vû dans la premiere Partie. Les Tréſoriers de France en corps n'en ont que l'Intendance ſous les ordres du Miniſtere. Pour la petite Voirie, elles ſont attribuées, à l'égard de Paris, à quatre Commiſſaires en titre d'office, créés par Edit du mois de Mars 1693 : & à l'égard des autres Villes du Royaume, *où la Voirie appartient au Roi*, (ce ſont les termes de l'Edit du mois de Novembre 1697) elles ſont exercées par les Jurés-Experts Priſeurs & Arpenteurs créés par cet Edit.

Nous avons dit plus d'une fois qu'anciennement l'une & l'autre de ces Juriſdictions appartenoient aux Juges ordinaires, & que depuis l'Edit de 1627, nuls autres que les Tréſoriers de France n'en ont dû connoître en premiere Inſtance, ſauf l'appel aux Parlemens pour la petite Voirie; mais dans ce qui concerne la grande Voirie, les Bureaux des Finances prétendent que l'appel de leurs Jugemens ne peut être porté qu'au Conſeil; & dans le fait, le Roi y évoque toutes les conteſtations dont le Juge ordinaire veut prendre connoiſſance. *Inde iræ*.

Pour l'exécution des Ordonnances & Reglemens, les Tréſoriers de France ont droit de contraindre les Uſurpateurs de la voie publique à la reſtituer, & à la rétablir à leurs dépens; de prendre ſur les héritages adjacens, le terrein néceſſaire pour l'élargir, & pour l'aligner; de prononcer la punition des délits commis par méchanceté ou par négligence; d'ordonner la démolition des Maiſons, murs de clôture ou autres Bâtimens qui ſont en péril éminent de ruine; de donner l'alignement de ceux qui ſont conſtruits à neuf; de dreſſer les procès-verbaux de commodité ou d'incommodité, qu'il peut y avoir à ouvrir de nouvelles rues ou de nouveaux chemins, & à ſupprimer ceux qui ſeroient jugés inutiles; de faire publier & adjuger les ouvrages qui doivent être faits aux dépens du Roi ou aux frais des Particuliers, & de regler en ce dernier cas la part que chaque contribuable en doit ſupporter; de décerner des exécutoires contre les refuſans; de prononcer des amendes contre les délinquans; d'expédier des Mandemens ſur les Tréſoriers pour le paiement des Adjudicataires; de vérifier leurs comptes avant qu'ils ſoient préſentés à la Chambre, & généralement de faire tout ce qui exige forme de droit, ſinon que le Roi en ait confié les fonctions à des Commiſſaires, comme nous avons vû qu'il y en a effectivement pour quelques-unes de ces parties.

Dans ces différens Actes de Juſtice ils ſuivent pour la forme la procédure preſcrite par l'Ordonnance commune à tous les Juges, & quant au droit ils ſe reglent ſur les Edits, Déclarations & Arrêts appliquables aux eſpeces.

La peine n'eſt pas à remplir ceux de ces devoirs dont la manutention eſt directement ſoumiſe au Miniſtere, & dans leſquels le Juge n'a qu'à obéir ; mais il en est tout autrement des cas où il n'est pas obéi lui-même. Ici le sujet qui refuse de reconnoître l'autorité des Trésoriers de France, trouve un asyle contre la contrainte, soit dans l'intervention d'un autre Juge, soit dans l'appel à un Tribunal supérieur ; & ces incidens arrêtent tout court les opérations.

Pour rendre plus sensibles les inconvéniens qui naissent de ces obstacles, je n'aurai qu'à citer les exemples que le Bureau des Finances de Paris m'en fournira, parcequ'il est véritablement le seul auquel on ait laissé dans les points principaux la plénitude de sa Jurisdiction ; & s'il en résulte que dans l'état où les choses existent il est impossible à ces Officiers d'assurer le bien public, que pensera-t'on de l'impuissance de leurs Confreres des Provinces,

& contre qui les Parlemens & les Hauts-Justiciers sont ouvertement déclarés.

Malgré l'attribution de la Voirie dont les Trésoriers de France jouissoient depuis 1508, malgré la réunion à leur Corps de la Charge de Grand Voyer, les Juges ordinaires ont toujours fait les plus grands efforts pour se maintenir dans l'exercice de cette Jurisdiction. Le Châtelet plus ardent que les autres, parceque son intérêt étoit plus grand, & qu'il étoit lui-même plus accrédité, a aussi livré plus de combats pour secouer entierement le joug imposé par les dispositions de l'Edit de 1627 : mais elles étoient trop claires pour lui permettre d'y réussir. Après avoir succombé au principal dans toutes ses tentatives, il s'est tourné sur les circonstances, & il est enfin parvenu à faire démembrer du corps de l'attribution générale faite aux Tréforiers de France, des parties qui paroiffent lui être effentielles, & la caracterifer le plus particulierement.

Le droit de donner les alignemens dans la Ville & les Fauxbourgs de Paris ne pouvant plus être contefté aux Tréforiers de France, le Lieutenant de Police en a fait excepter les encoignures des rues & places, fur ce fondement que les angles doivent être élevés en pan coupé, pour prévenir les guet-à-pens nocturnes, ce qui eft une affaire de Police ordinaire, à caufe qu'elle intéreffe la fûreté des Habitans. Le même motif de la confervation des Citoyens a fait accorder à ce Magiftrat par une Déclaration du 18 Juillet 1729, la connoiffance des périls éminens de chûte des Maifons; & ce n'a été qu'après de longues follicitations que le Bureau des Finances a obtenu la concurrence.

Ce même Magiſtrat avoit déja obtenu en 1720 une Ordonnance du Roi, qui ſur le vû de celles de 1356, 1539 & 1607, leur attribuoit le droit de permettre ou d'interdire les dépôts des pierres pour la réparation & la conſtruction des Bâtimens dans les rues de Paris; & ſes Succeſſeurs s'y ſont maintenus.

Autre tems, autres ſoins, diſent les Officiers du Bureau des Finances. Nous convenons qu'à ces dattes ſi reculées, cette diſpoſition pouvoit être très juſte. Nous ſavons que la Voirie eſt une des principales portions de la Police générale, ſurtout dans les Villes, où les Habitans étant plus raſſemblés & par conſéquent plus ſujets à ſe corrompre, ont auſſi plus beſoin d'être retenus, & que cette néceſſité augmentant en proportion du nombre des Citoyens, elle devient extrême pour la Capitale; qu'en cet état le Juge à qui la Police générale est confiée pouvoit prétendre à l'inspection sur les rues, pour empêcher que le passage n'en fût obstrué par les dépôts des pierres ou des décombres de Bâtimens: mais depuis 1627 ce soin nous regarde de même que celui des périls éminens & tous autres qui appartiennent à la Voirie, parcequ'il a plû au Roi de nous en charger. Vous surprenez sa Religion en vous faisant attribuer comme exécution & suite de l'ancienne Loi ce qui vous a été retranché par la Loi nouvelle dont vous ne faites aucune mention.

A quel titre oserois-je prendre parti dans les contestations qui divisent depuis si longtems deux Tribunaux que je dois également respecter? & que m'importe au ſurplus que l'un ou l'autre ait la Charge qu'ils ſe diſputent, pourvû qu'elle ſoit remplie? Mais la Juſtice & la vérité méritent de trouver des Défenſeurs ; & l'on ne peut diſconvenir que la réponſe des Tréſoriers de France eſt ſans réplique : elle acquiert même de nouvelles forces ſur le raiſonnement, ſi l'on examine la queſtion du côté de l'intérêt public.

1°. Il eſt de principe que deux autorités indépendantes tendent rarement au même but ; elles auroient peine à y concourir, quand la jalouſie ſeroit la ſeule infirmité de la nature humaine : mais la négligence nous gagne par tant d'autres paſſions & d'intérêts, qu'on eſt certain de la provoquer, en lui fourniſſant les moyens de nous corrompre. Si l'ambition de deux rivaux les fait agir, ils précipitent tout pour ſe prévenir mutuellement, & rejettent l'un ſur l'autre leurs manquemens & leurs erreurs. Si celui-là ſe relâche par dégoût, celui-ci abuſe par cupidité ; mais quand il voit que le premier ne lui diſpute plus le terrein, il tombe à ſon tour dans l'inaction, & alors le ſervice eſt abandonné des deux côtés. C'eſt ce qu'on pourroit craindre ſur les périls éminens; il eſt d'ailleurs à préſumer en matiere d'art, que celui qui l'exerce habituellement y a plus acquis de connoiſſances que cet autre qui n'en fait pas ſon objet principal, parconſéquent les Commiſſaires de la Voirie doivent être plus verſés dans le diſcernement des cauſes d'une ruine prochaine de bâtimens, que des Commiſſaires de Police dont les occupations ſont abſolument étrangeres à l'architecture ; d'ailleurs les premiers ayant des Coureurs continuels pour découvrir les contraventions, informeront bien plutôt des périls que les derniers, toujours obligés d'attendre qu'on leur en donne avis.

2°. Il est d'autant plus surprenant qu'on ait laissé à la Police ordinaire la direction des pans coupés & la permission du dépôt des pierres, que par un Arrêt du 8 Août 1698, le Conseil a mis ces deux attributions au rang de celles qui appartiennent à la Voirie; l'une comme inséparable de l'alignement, & l'autre comme encombrement permanent. Il n'y en a pas en effet, qui mérite autant cette qualification, que celui qui est perpétuel dans les rues de la Capitale, & qui rend en même-tems impossible ou ruineux l'entretien du Pavé.

N'y a-t'il pas dans ce que je viens d'exposer assez d'obstacles à l'exercice de la Voirie? En voici ci de nouveaux. On a levé depuis quelques années, les plans des grands chemins & des rues des Villages dans la Banlieue de Paris, avec défenses d'y bâtir sans prendre l'alignement des Trésoriers de France : si le Propriétaire obéit, il est assigné par le Procureur Fiscal d'un Seigneur Haut-Justicier ; & pour vuider ce conflit il faut que le Conseil vienne au secours, sans quoi, indépendamment des longueurs de procédure qu'il y auroit à essuyer & qui causeroient des dommages au Propriétaire ou une incommodité au Public, le Bureau des Finances succomberoit peut-être & augmenteroit le nombre des préjugés que les Seigneurs citent en leur faveur : il en est de même des contraventions aux Reglemens ; l'expédient seroit sûr pour se soustraire aux peines qu'ils prononcent, si chaque Particulier le connoissoit.

Je m'adresse ici au premier Sénat du Royaume ; qu'il me soit permis de lui représenter dans le plus profond respect, qu'il seroit de sa gloire de contribuer à la décoration de la Capitale, à la sûreté, à la commodité de ses habitans & à l'augmentation de son Commerce ; en laissant jouir paisiblement de toute l'autorité qui leur a été confiée, des Juges d'attribution qui font leur devoir capital de tous ces objets : & j'ose dire que jamais cette Cour des Pairs n'aura trouvé une plus belle occasion de signaler son zele pour le bien public, qu'en favorisant l'idée que j'ai à proposer pour cet heureux effet.

Nous ne sommes plus au regne de Philippe le Bel, où le Parlement rassemblé pouvoit suffire à toutes les affaires du Royaume de quelque nature qu'elles fussent. L'Etat aggrandi a augmenté la puissance du Souverain. Cette Puissance a créé un Commerce qui s'est étendu successivement, & par lequel nos richesses se sont accrues; les Arts & les Sciences ont fait leurs efforts pour y participer, & sont venus de toutes parts contribuer à la consommation des fruits de la terre & à notre population. Les intérêts multipliés à l'infini par toutes ces circonstances ont occasionné plus de discussions; les passions échauffées par la jouissance d'un grand superflu, ont enfanté plus de vices en faisant naître de nouveaux besoins; nos mœurs ont changé d'âge en âge, comme nos habits, & nous sommes toujours devenus pires en devenant plus raffinés: le dol, la fraude & la chicane se sont mis au rang des moyens d'acquérir. Il n'est pas surprenant que du sein de cette corruption il soit sorti des débats éternels, ni que les occupations des Parlemens ayant peut-être centuplé, il leur ait été impossible d'embrasser toutes les parties. Delà une nécessité indispensable dans le Gouvernement, de diviser les matieres ; les Chambres des Comptes, les Cours des Aides & celles des Monnoies ont été érigées en Cours Supérieures ; pourquoi les Bureaux des Finances aussi susceptibles de cet honneur ne l'ont-ils pas obtenu ? On seroit réellement tenté de croire qu'il y a des fatalités attachées à certains Corps d'un Etat, à certaines races, à certains hommes en particulier. Tout réussit aux uns malgré la témérité qui dirige leurs entreprises : rien ne succede heureusement aux autres, quoique la prudence préside à toutes leurs actions. Une expérience aussi ancienne que le Monde, semble appuyer par les faits cette opinion ; & les Tréſoriers de France pourroient ſervir à la rendre probable dans nos Annales. J'ai dit ailleurs comment ils étoient tombés du faîte des dignités & des grandeurs aux degrés de la médiocrité : ceux qui voudront en être mieux inſtruits n'auront qu'à lire leurs titres dans Fournival & dans les autres Auteurs qui les ont recueillis. La Chambre des Comptes étoit anciennement compoſée de trois Corps ; Maîtres des Comptes, Tréſoriers de France, Généraux des Monnoies : le Premier Préſident de la Chambre étoit preſque toujours un Evêque : ſuivant l'inſtitution de cet office, c'étoit auſſi de la Prélature qu'on tiroit ordinairement un ou deux Tréſoriers de France, pour les matieres qui requeroient Jugement : ils étoient donc conſtitués Juges, au lieu que les Maîtres des Comptes n'étoient pas regardés comme tels. La preuve en eſt écrite dans les fameuſes Remontrances que le Parlement fit à Henri II en 1548. Elles portent » qu'il n'étoit ni propre ni con» venable aux Gens des Comptes » de s'entremettre au fait de la » Juſtice, & que leurs Offices ne » ſont réputés de Judicature. » Il n'y avoit appel qu'au Roi des Ordonnances & Mandemens des anciens Tréſoriers de France avant qu'ils fuſſent en Corps; il y avoit appel de la Chambre au Parlement, encore ſous Louis XI, qui fit le 8 Février 1461 un Reglement *en force d'Ordonnance & de Loi* pour confirmer cette diſpoſition; cependant la Cour des Pairs a conſenti par la ſuite que la Chambre fût érigée & maintenue en Cour ſupérieure; & les Généraux des Monnoies ont obtenu la même dignité, quoiqu'inférieurs avant ce tems-là aux Tréſoriers de France, & Juges comme eux d'une partie de la Police; mais qui, ſi l'on excepte la punition du crime, a plus trait à la mécanique qu'à la ſcience des Loix, lorſqu'au moins cette ſcience eſt infiniment utile à l'exercice de la Voirie. Qui nous dira donc pourquoi il a fallu que les Tréſoriers de France fuſſent la ſeule des trois parties d'un Corps commun qui ait éprouvé une diſtinction humiliante, quand elle avoit de plus grandes prérogatives que les autres, & que ſes ſervices n'étoient pas moins importans? tout au contraire, on les a précipités du faîte où ils étoient originairement, & peu à peu on leur a ôté les honneurs qui devoient le plus flatter leur zele, & les conſoler dans l'état auquel on les avoit réduits. Ils avoient ſéance à la Cour des Aides; & rien n'étoit plus juſte, puiſque ce Tribunal a été formé de leurs dépouilles ; ils n'y sont plus admis: ils devoient jouir du droit d'indult, comme étant du Corps des Compagnies Souveraines, on les en a exclus : ils avoient les honneurs & les profits du deuil à la mort de nos Rois, ils en sont privés : ils avoient rang & séance aux entrées & pompes funebres, ils n'y sont plus appellés. Tout au contraire, il n'y a point de regne sous lequel depuis leur décadence, ils n'aient été les premiers objets & les plus maltraités de l'Inquisition des Publicains : taxes, prêts, rachats, joyeux avenemens, augmentations & suppressions de gages, renouvellement d'annuel, réductions de droits, rien n'a été omis de ce qui pouvoit rendre leurs Offices méprisables : aussi s'en faut-il bien qu'ils soient aujourd'hui occupés par des Prélats ; & ce qu'il y a de plus extraordinaire, c'est qu'en les traitant ainsi à tous égards en Jurisdiction subalterne, on leur a néanmoins laissé les Priviléges des Commensaux, comme pour justifier les impôts dont on vouloit les surcharger : mais ceci n'est-il pas contradictoire dans les principes ? Si l'on regarde les Trésoriers de France comme Juges seulement Présidiaux ; ces Priviléges sont exorbitans de l'ordre établi pour tous les autres Tribunaux de la même catégorie ; & si on les considere comme Cour supérieure, en conséquence de tous les Edits qui les assimilent à ce titre, n'est-il pas juste de les en faire jouir par le traitement commun à toutes les autres ?

Mais ce qui n'est que justice dans cet objet général devient convenance & utilité pour l'Etat, relativement à l'exercice de la Voirie, depuis que la Charge de grand Voyer a été unie au Corps des Trésoriers de France ; il est vrai que la création de cet Office n'est point attributive de Jurisdiction, & qu'au contraire elle en est exclusive ; mais elle donne la Surintendance d'une Police, ce qui est incompatible avec une Jurisdiction subordonnée. Quand donc il n'y auroit point d'autres motifs de les tirer de la dépendance, les loix de la décence sembleroient l'exiger. Il est plus naturel d'annoblir la Jurisdiction par la Charge, que d'avilir la Charge par la Jurisdiction ; mais il y a d'ailleurs des raisons si pressantes d'en venir à cet Etablissement, qu'on ne pourra s'y refuser après les avoir consultées.

On pouvoit tolérer des inconséquences dans l'enfance de la Voirie qui a duré jusqu'en 1720 ; mais sevrée à cette époque, elle a toujours crû, & nous la voyons aujourd'hui dans la plus grande force de l'âge mûr ; il faut donc la traiter sérieusement ainsi qu'elle se conduit elle-même. La Police des voies publiques a été confiée aux Trésoriers de France : souffrir que d'autres Juges en connussent, seroit intervertir les effets de la Loi qui leur a donné cette attribution ; y en admettre quelques-uns en concurrence, seroit regardé comme un jeu, si la disposition n'en partoit pas de l'autorité Royale, qui n'en est pas moins sacrée pour avoir été surprise. Après les inconvéniens dont j'ai fait voir le germe dans cette concurrence, je suis persuadé qu'elle sera bientôt regardée comme un abus digne de réformation : ce n'est pas qu'en confondant les êtres, je veuille dire que le Juge de la Police ordinaire n'a rien à voir dans les rues : sa fonction est de les faire netroyer, de les éclairer, d'y regler les mœurs, d'y contenir la licence, d'y empêcher les attroupemens & les émeutes, de les faire garder pendant la nuit. Ces fonctions sont également dignes & capables de l'occuper tout entier. A quel propos leur dérober une partie du tems qu'il leur doit, pour s'inquiéter du soin de la Voirie qui est en si bonnes mains, & qui ne lui appartient plus ? Quand les fonctions sont distinctes elles excitent l'émulation, quand elles sont mixtes la confusion & le désordre s'y glissent imperceptiblement. Tel seroit le premier avantage de l'érection du Bureau des Finances en Cour supérieure, qu'il rétabliroit l'ordre en procurant cette distinction.

J'ai dit que l'activité de ce Tribunal étoit retenue par les appels au Parlement; les preuves pour Paris n'en sont que trop familieres, puiſqu'elles ſont ſi deſtructives de la Police : qu'il ſoit queſtion d'un alignement de Maiſon pour l'exécution duquel un Propriétaire ſeroit obligé de ſe retirer ſur ſon terrein, & qu'il ne veuille pas obéir, il appelle de l'Ordonnance du Bureau, & ſur-le-champ on lui expédie un Arrêt de défenſe qui ſuſpend tout ; pendant le délai que cet Arrêt procure & que la chicane allonge tant qu'il lui plaît, la Maiſon eſt repriſe ſous œuvre, deuxieme inconvénient réprimé.

Enfin les Juges des Seigneurs ne s'aviſeront plus de diſputer aux Bureaux des Finances le droit de Voirie, puiſque l'un des articles de l'Edit ſera ſans doute de ſoumettre les Sentences de ces petits Juges à l'appel aux Tréſoriers de France, comme je le dirai plus amplement ; troiſieme inconvénient levé.

Examinons maintenant quel devra être l'exercice de ce Tribunal ſupérieur. Le Gouvernement eſt imbu de ce principe, également dicté par l'expérience & par la raiſon, que l'exécution des ordres en matiere de Police, de même que la punition des délits, requierent trop de célérité, pour être aſſujetties aux formes de la procédure ordinaire. » Ce » ſont choſes de chaque inſtant, » dit l'Auteur de l'Eſprit des » Loix, & où il ne s'agit ordi- » nairement que de peu, il n'y » faut donc guere de formalité. » C'eſt ſans doute ce qui détermina le 17 Juin 1721, un Arrêt du Conſeil, qui autoriſe les Tréſoriers de France, Commiſſaires, à prononcer ſur le champ les amendes, ſauf l'appel au Bureau des Finances. Dans quelle ſource plus pure pourrois-je puiſer l'ordre de la Juriſdiction, dont je trace le plan ? Elle délivrera le Conseil de l'importunité des Arrêts d'évocation, qui le distraient continuellement de ses autres occupations : elle procurera la décoration des Villes, & sur tout celle de la Capitale : tous les obstacles disparoitront.

A Paris un Commissaire particulier pour les alignemens des maisons, sera garant de l'exécution de la Loi, tant pour les faces, que pour les encoignures en pan coupé.

Le Commissaire du pavé informera sa compagnie des ordres dont il aura besoin, pour faire décombrer la voie publique.

Les Commissaires de la voirie veilleront aux périls éminens, parcequ'ils en répondront à leurs Juges.

Les permissions du dépôt des pierres seront données par le Bureau des Finances, son intérêt étant commun avec celui du Commissaire qui dirige le pavé, à ce que toutes les rues soient libres, & bien entretenues.

Les Commissaires des Ponts & Chaussées séviront à leur tour contre les auteurs des délits, & les contraventions ne demeureront plus impunies par les longueurs de la forme.

Deux Trésoriers de France, Commissaires, attachés à chaque Généralités, avec des gages suffisans, y auront le même pouvoir. Ils aideront les Intendans pour la manutention du service des Ponts & Chaussées. Ils veilleront sur les Employés & sur les Subdélégués, dont la gestion leur sera subordonnée. Ils donneront les alignemens des rues, dans les Villes, Bourgs & Villages, par le ministere des Experts, dont ils taxeront les vacations. Les Juges des Seigneuries apprendront qu'ils doivent s'abſtenir de la connoiſſance des grands chemins, & des rues qui en font partie. Les Bureaux des Finances découvriront par la repréſentation des Titres, ſi les Juſtices qui s'arrogent le droit de Voirie, l'ont effectivement. La tranquillité ſur cette matiere naîtra par-tout, & le Gouvernement n'aura plus à être étonné lui-même de cette prodigieuſe quantité de Jugemens contradictoires, qui depuis tant de ſiécles le font flotter dans l'incertitude. L'époque de l'attribution faite aux Tréſoriers de France, eſt aſſez ancienne pour avoir produit tous les genres de conteſtation dont la matiere étoit ſuſceptible, & pour mettre le Légiſlateur en état de les terminer à l'avantage de ſes Peuples. Il eſt étonnant que dans une Monarchie ſi ancienne, & ſi bien policée d'ailleurs, il y ait une matiere toute neuve dans ce genre, & pour laquelle il n'y ait point de Loi générale. J'espere que le Public me saura gré d'avoir fait tous mes efforts pour la provoquer, & que les Seigneurs eux-mêmes seront bien aises de savoir à quoi s'en tenir sur leurs prétentions, que je vais examiner.

CHAPITRE III.

De la Voirie Seigneuriale.

LA lecture de ce titre me replonge dans mon premier étonnement. Je ne reviens pas de la surprise où m'a jetté cette participation à la puissance publique, dont on a laissé jouir les Hauts Justiciers, & qui est entrée dans le Commerce, comme les matieres les plus communes. Je ne m'accoutume point à voir le plus vil favori de la fortune, exercer indistinctement avec le plus grand Seigneur, une portion du pouvoir Législatif, (a) » en créant » des Officiers & Magistrats qui » peuvent juger des biens, de » l'honneur, & de la vie de tout » un peuple: il est vrai que le » Ressort est réservé à la Souve- » raineté, & que Loyseau l'ap- » pelle, *le plus fort lien qui soit » pour la maintenir.* ». Mais, n'est-ce rien que d'essuyer les vices d'un premier Tribunal? Quand c'est le Prince qui me donne un Juge, je dois me reposer sur sa justice, & sur son discernement. La connoissance du droit suprême qui réside en lui, attire ma soumission, sans blesser mon amour propre; & je n'ai point cette docilité pour mon égal, Sujet comme moi, qui peut par inté-

(a) Loyseau, ch. 4. des Seigneuries, n. 48.

rêt, ou par ignorance, me nommer des Juges également incapables & indignes de leurs fonctions. Vaine réfléxion, dira quelqu'un ! Il s'en faut beaucoup, que je la regarde comme telle : on n'est point indigne d'être écouté quand on parle pour l'Etat, & que sans attaquer les droits des Particuliers, s'ils sont justement acquis, on ne propose que de réprimer ceux qui ont été usurpés. Je ne dis pas qu'il faille renverser le Tribunal des Seigneurs; je demande seulement, qu'il soit réduit à de justes bornes; qu'on l'oblige à procurer tout le bien dont il sera capable, & qu'on l'empêche de troubler l'ordre par des prétentions également contraires à l'autorité Royale, incompatibles avec nos mœurs, & contraires à la Société : c'est là mon dessein, relativement à la Jurisdiction de la Voirie Seigneuriale.

Nous avons vu dans les deux chapitres précédens, l'origine de la perpétuité des Fiefs, & celle de l'exercice de la Justice, joint au commandement Militaire : cherchons maintenant celle des droits attachés à cette administration. Les Seigneurs toujours en armes, soit à la suite des Rois, soit en se faisant la guerre les uns aux autres, étoient hors d'état de rendre eux-mêmes la justice aux peuples ; & d'ailleurs ils ne vouloient rien omettre de ce qui pouvoit les rendre semblables au Souverain : ils se donnerent des Lieutenans qu'ils appellerent leurs Pairs, & auxquels ils confierent le soin & la fonction d'administrer la justice.

La capacité, quelque mince qu'on la suppose, étoit au moins nécessaire à un certain degré, pour remplir ces places distinguées : elles occupoient assez l'homme qui en étoit pourvû; ſon tems, ſa peine, ſes études, tout cela méritoit une récompenſe. On la trouva dans l'impoſition des amendes, dont la moindre faute fut punie, & auxquelles on ajouta par la ſuite, la condamnation des dépens, contre les plaideurs qui ſuccomboient; peine très juſte, & prononcée par la Loi des Romains. Celle des Francs mettoit à prix le rachât de tous les délits, & des plus grands crimes; c'étoit autant de ſource féconde de profit pour les Seigneurs, & pour leurs Pairs. L'exercice de la Voirie fut une autre raiſon ſpécieuſe d'en augmenter les produits, en prononçant des amendes contre ceux qui dégraderoient ou n'entretiendroient pas la voie publique, dont la charge (*a*) tomboit alors

(*a*) La plûpart des Coutumes portent cette diſpoſition.

ſur les Propriétaires Riverains. Des chemins de la Campagne, on paſſa aux rues des Villes, & des Villages ; peu à peu on étendit le droit aux permiſſions d'étaler ſur les Places & Marchés, ſous prétexte qu'ils étoient du Domaine Seigneurial ; & l'on en vint inſenſiblement, juſqu'à vendre la faculté d'anticiper ſur la voie, par des bornes ou des montoirs ; même celle d'intéreſſer la ſûreté des paſſans, par des balcons, des enſeignes, ou autres ſaillies poſées en l'air. Tous ces droits formerent des revenus conſidérables en denrées, en marchandiſes, & en argent ; mais ils ne ſuffiſoient pas encore à raſſaſier la cupidité des Seigneurs & des Juges. Les péages avoient été ſagement imaginés, comme un ſecours néceſſaire pour la conſtruction & l'entretien des Ponts, des Digues, & des Chaussées. Les droits en furent aussi multipliés que les établissemens : on en plaça dans tous les passages, sous différens noms de *Péage*, *Barrage*, *Pontenage*, *Billette*, *Branchiere*, &c. On alla jusqu'à faire payer aux Vassaux, la liberté de transporter hors du territoire de la Seigneurie, leurs meubles & marchandises : (a) *chacun en tiroit par où il pouvoit* ; & la véxation étoit plus ou moins dure, selon que les Peuples étoient plus ou moins foibles.

Tels furent les germes de cette immense multiplicité de droits de Voirie, qui prirent naissance sous la banniere des usurpateurs, dans ces tems de trouble & de confusion, où la force & la violence décidoient de tout, & où la raison ni la justice n'avoient point

(a) Loyseau, chap. 3.

point d'asyle ; la maniere dont ils s'y sont maintenus, est encore plus étonnante ; car enfin, les Sujets ne pouvoient reprocher à la souveraineté trahie & affoiblie, de souffrir ce qu'elle étoit hors d'état d'empêcher : mais n'ont-ils pas lieu de se plaindre maintenant, que la puissance rétablie n'ait pas brisé les nœuds dont l'audace les enchaîna autrefois ?

A mesure que nos Rois de la troisieme race recouvrerent leurs Domaines usurpés, ils y trouverent ces droits établis, & se les approprierent. Ce fut le coup fatal qui confirma les Seigneurs dans la possession de leur tyrannie ; & comment, en effet, les en auroit-on dépouillés, lorsque le Souverain sembloit vouloir la légitimer par son exemple ? Ils furent donc autorisés à comprendre cette portion de leurs justices, dans les aveux & dénombremens de leurs Fiefs, & par là se les rendirent patrimoniaux, ou du moins se mirent à portée de les prétendre tels, par le propre fait du Prince. Nous devons présumer que cette surprise faite à l'autorité Royale, ne réussit qu'à l'ombre d'une soumission que la politique avoit intérêt de ménager, & qui s'est conduite jusqu'à nos jours par les mêmes principes. Dans ces longues agitations que le Royaume a souffertes, il étoit sage sans doute, de ne pas provoquer par la rigueur, quelque juste qu'elle fût, le ressentiment de Seigneurs puissans, qui n'étoient que trop portés à secouer le joug de l'obéissance. Nous voyons combien il leur coûtoit encore de plier sous Henri IV: il fallut la tête d'un Richelieu pour les réduire sous Louis XIII, qui fût même obligé de laiſſer à ſon Succeſſeur, le ſoin d'achever par ſes bien-faits, ce qu'il avoit ſi fort avancé par l'autorité ſecondée du génie tranſcendant de ſon Miniſtre. Mais que Louis XIV, ce Monarque ſi jaloux des droits de ſa Couronne, n'ait pas réprimé les abus de cette prétention exorbitante des Seigneurs, relativement aux droits de Voirie; j'en ſuis d'autant plus ſurpris qu'ils l'ont ſoutenue contre lui-même, & qu'ils s'en firent un moyen d'indemnité contre l'Edit de 1674, portant réunion à la Juſtice du Châtelet, de toutes les Juſtices particulieres de la Ville de Paris. Quoi! la Loi publique preſcrit-elle? Des Titres uſurpés ou ſurpris, ne ſont-ils pas radicalement nuls, & la raiſon d'Etat n'eſt-elle pas toujours vivante? Je dis d'autant plus la raiſon d'Etat, que j'ai prouvé l'impossibilité de parvenir à la réparation des Chemins, & au redressement des Rues, s'il y avoit concurrence entre les Juges Royaux, pour la manutention de cette Police, à plus forte raison, si les Juges des Seigneurs osoient la troubler. Il est donc indispensable d'y mettre une regle, telle que je l'ai proposée dans le chapitre précédent; mais cela ne suffit pas, & il est de la justice du Roi d'empêcher que les prétendus Voyers des Seigneuries particulieres, s'arrogent des droits qui peuvent ne leur être pas dus, soit que la Voirie n'appartienne pas à toutes les Justices, quand même on la supposeroit acquise à quelques unes, soit que l'on perçoive ces droits arbitrairement, ou même suivant les coutumes des lieux, qui ne peuvent plus faire Loi à cet égard. Il est impossible à l'esprit humain, de percer les ténebres dont elles ont envelopé cette matiere. Après la lecture de tant d'Auteurs qui ont rravaillé à les expliquer, on n'entend que très obscurément, en quoi consistoit l'exercice de la Voirie. Tout ce qu'on y apperçoit, est l'ouvrage de la cupidité: des impositions sur les Vassaux; mais le Tarif en est-il vérifié par le Souverain, à qui seul il appartient d'imposer des tributs, & l'application de ce Tarif est elle juste? Dailleurs, la concession du bénéfice suppose une charge, & quand la Coutume Locale ne l'exprimeroit pas, la Loi générale du Royaume en porte l'injonction. Le Péage n'est accordé qu'à condition d'entretenir les Chemins; la vacation de l'Expert qui donne l'alignement, ne lui est due qu'autant qu'il se conforme aux regles de la Police générale: enfin, dans toutes les rues des Villes & des Villages qui sont partie des grands Chemins, ou qui n'en étant point, sont réparées par ordre du Roi, les Juges des Seigneurs commettroient un attentat, s'ils osoient donner un alignement. Il est donc indispensable de promulguer une Loi qui explique tous ces cas, & qui pourvoie à tous ces besoins: qui supprime toute sorte de Péages & de travers qui n'ont point de charges, ou dont les charges ne sont pas remplies. Mais envain cette Loi feroit-elle jointe à tant d'autres qui les ont supprimées définiment ou indéfiniment, si l'exécution n'en étoit pas mieux suivie. A quoi sert-il que des Commissions du Conseil aient rendu Arrêts sur Arrêts, pour anéantir des Péages dont le droit n'a pas été justifié; si ceux qui le sont par des aveux dont j'ai fait sentir l'illégitimité, ne sont pas même tenus de prouver qu'ils ont satisfait à leurs charges, ou si en exigeant qu'ils y satisferont, le soin de vérifier leur conduite n'est pas remis à quelqu'un qui puisse s'en acquitter? Les Trésoriers de France rétablis dans un degré d'autorité qui fasse respecter leurs Arrêts, & qui leur attire la confiance publique, peuvent seuls remplir cette fonction, par le ministere des Commissaires que le Roi tire de leurs Corps. Ceux-ci à la faveur des rapports qui leur seront remis par les Officiers des Ponts & Chaussées, rendront des Ordonnances provisoires, sur lesquelles, en cas d'appel, la Compagnie statuera définitivement: il y aura par ce moyen, plus de Péages supprimés en un an, qu'il n'y en a peut-être eu depuis un siécle. C'est que le Département des Ponts & Chaussées, & les Bureaux des Finances, se contrôleront réciproquement : c'est que les Trésoriers de France, plus au fait de la matiere que d'autres Juges, ne laisseront rien échaper à leurs recherches : c'est qu'ils jugeront de la qualité des droits, par l'esprit de la Loi, & qu'ils sauront l'interpréter par la qualité des Titres, & par leur application au Local : c'est qu'ils feront afficher dans les Villes & les Villages, de nouveaux Tarifs des Voiries Seigneuriales ; & qu'ils entendront les Habitans sur les plaintes qu'on voudra leur porter : c'est enfin que pour le regard de la Voirie, l'appel des Sentences des Hauts Justiciers, ne pourra être porté qu'aux Bureaux des Finances de chaque Ressort. Je demande attention pour ce dernier article : qu'on veuille bien me dire à quel Tribunal on appelferoit aujourd'hui, de la Sentence du Juge *Pédanée* du Bas Justicier, (& il n'y en a point, qui suivant les Coutumes, n'ait droit de Voirie:) ce ne pourroit être qu'au Bailliage auquel il ressortit, & auquel, par cent & cent Arrêts, il est défendu d'en connoître. J'ai assez fait voir l'inconvénient des appels des Hauts Justiciers au Parlement: si l'on me sommoit d'en rapporter des preuves, je citerois un Arrêt célebre de celui de Paris, du 25 Mars 1720, qui maintient les Juges du Comté de Laval, dans le droit de Voirie, contre les Trésoriers de France de Tours. Je reviens aux droits Bursaux, & à ceux que les Seigneurs perçoivent en essence.

Deux seules réflexions me peinent sur la correction de cet abus. La premiere, en ce que, pour parvenir à l'entiere ruine des Péages, il seroit de la grandeur Royale, & j'ose le dire, de son intérêt, de supprimer tous ceux de son Domaine; & cependant, les Officiers qui les perçoivent, pourront s'y opposer par un zéle très louable dans son principe, mais encore plus dangéreux dans ses conséquences: il est vrai que ces Directeurs, Gens de Finance, ont des Supérieurs aussi respectables qu'éclairés, qui leur imposeront, lorsqu'ils auront senti l'avantage que le Commerce tirera de cette suppression; je respire un peu dans cette confiance. La seconde réfléxion tombe sur les échanges, dans lesquels le Roi a fait entrer de sa part, des droits de Péage, de Travers, de prise en nature sur les denrées, &c. Mais j'y vois deux ressources: l'une, d'ordonner les revisions des contrats d'échange, & des produits respectifs des choses échangées. Il pourroit arriver que la crainte de cette vérification, engageât bien des Possesseurs à renoncer aux droits énoncés ci-dessus, plutôt qu'à l'échange; & si au contraire le cas se présentoit où l'avantage fût du côté du Roi, ce qui pourroit n'être pas fréquent, alors on se tourneroit du côté des Charges attachées au Péage retrocédé par le Roi, telles que l'entretien des Chemins, des Ponts, des Pavés, des Marchés, des Hales, &c. & l'on feroit droit à l'Etat, si elles n'étoient pas acquittées.

Il pourroit encore arriver, que les Trésoriers de France trouvassent de nouveaux privilèges de Péages accordés à tems, pour raison de Ponts, ou autres ouvrages construits aux dépens du privilégié; & que ces sortes de concessions, à force d'avoir été renouvellées par faveur, prouvassent par le produit actuel, que les causes du privilége ont tellement cessé depuis longtems, que si l'on comparoit les produits à la dépense de la construction, & à celle de l'entretien, il y auroit des sommes considérables à répéter pour l'Etat, indépendamment de la suppression des Péages.

Que résulteroit-il des économies que je propose? Une augmentation sensible sur le produit des Fermes; un encouragement au Commerce qu'on ne peut assez favoriser; & une excitation aux Habitans inutiles de la Capitale, à se retirer en Province, lorsque les vivres n'y seroient pas renchéris par l'accumulation de tant de tributs. J'y connois des Villes où l'on ne mange que du Poisson puant, parceque le Seigneur a droit d'y prendre ſa proviſion ſur le plus beau, comme de raiſon, & que ce tribut qui ſe percevoit anciennement en nature, a été converti en argent; cependant nulle charge : c'eſt le Roi, ou la Ville qui font, & qui entretiennent les Pavés. Peut-être y en a-t'il dans le Royaume, mille & mille exemples, contre les diſpoſitions formelles des Edits, & notamment celle de l'article V du tit. XXIX de l'Ordonnance de 1669, qui s'exprime en ces termes; » n'entendons qu'aucuns » de ces droits ſoient réſervés, » *même avec Titre & Poſſeſſion*, » où il n'y a point de Chauſſées, » Bacs, Ecluſes, & Ponts à en- » tretenir, & à la charge des Sei- » gneurs & Propriétaires. Mais ne pourra-t'on pas me répliquer que je propoſe pour cette réformation, un moyen dont l'inutilité a été depuis longtems reconnue, puiſque la Déclaration du Roi du 31 Janvier 1663, charge expreſſement les Tréſoriers de France, de ſaiſir les Péages dont les charges ne ſeroient pas acquittées. J'en conviens, mais les cauſes de cette inexécution ſont ſi ſenſibles, qu'on ne peut refuſer de les admettre, & il étoit facile de les éviter. Pour ſaiſir les Péages, il falloit que la contravention fût dénoncée, & c'eſt à quoi la déclaration n'avoit pas pourvu. Il n'en ſera pas de même de la Loi que je propoſe: une ſi longue expérience du paſſé, met le Gouvernement en état d'y tout prévenir; & l'autorité néceſſaire, attribuée aux Bureaux des Finances, ne permettra pas de douter du ſuccès. Je vais tâcher d'indiquer les principales diſpoſitions qu'elle doit contenir, pour lever tous les doutes qui peuvent ſubſiſter ſur la matiere de la Voirie. Ce Canevas, ſoumis à l'inſpection du miniſtere, recevra de ſon examen toute la perfection que le Public peut deſirer.

CHAPITRE IV.

Idée d'une Loi générale ſur le fait de la Voirie, en ſuppoſant l'érection des Bureaux des Finances en Cour Supérieure.

1. LES Ordonnances & Réglemens rendus juſqu'à ce jour, ne déſignent les Chemins Royaux, que par la condition qu'il y ait Coche ou Meſſagerie publique. Ce qui préſente une diſtinction vague, de laquelle on peut inférer, que tous ceux qui ſont dans ce cas, doivent être traités de même; & ce ſeroit une erreur. Il paroît eſſentiel de diviſer

tous ces Chemins en trois classes. La premiere de ceux qui partent de la Capitale du Royaume, pour se rendre directement aux Capitales des Provinces situées à ses extrémités; comme de Paris à Bayonne, à Perpignan, à Strasbourg, à Rennes; on peut les nommer Routes.

La seconde, des Chemins qui vont de la Capitale du Royaume, à des Capitales des Provinces, ou autres Villes, auxquelles ils s'arrêtent, soit que ces Chemins s'embranchent sur des routes, en partant des Villes intermédiaires; soit qu'il n'y ait point d'embranchement. J'y comprens de même les Chemins tendans d'une Capitale de Province, à une autre Capitale. On peut donner pour exemples de cette seconde classe, le Chemin de Paris à Lyon, par la Bourgogne; l'intérêt des Peuples, relativement à la dépenſe & au travail, ne permettant pas qu'il y ait deux routes pour une même communication des deux extrémités, qui ſont, Paris & Marſeille. On peut citer encore celle de Limoges à Bordeaux. Je les appelle grands Chemins.

Enfin la troiſieme claſſe, eſt celle des Chemins de Villes à Villes non Capitales, ou de ces Villes à gros Bourgs, de Ports de Mer, & autres, dont le Commerce eſt aſſez conſidérable pour mériter ce traitement. Ils ſeront déſignés par le mot de Traverſes. Tels ſont ceux de Bayeux à Coutances, & de Coutances à Izigny.

2. Tout Chemin, de quelque qualité qu'il ſoit, ſera réputé Chemin Royal, lorſqu'il aura été fait par ordre du Roi.

3. Les rues des Villes, Bourgs & Villages, faiſant partie des

Chemins Royaux, seront soumises à la Jurisdiction des Trésoriers de France, & à l'inspection des Officiers des Ponts & Chaussées, quand même le Pavé seroit fait & entretenu aux dépens des Villes.

4. L'Ordonnance de Blois est, je crois, le seul Titre Légal, sur lequel on puisse prescrire aux routes, la largeur de soixante pieds, hors des bois. Celle de 1669 ne leur en donne pas assez dans les Forêts, en certains cas que la Loi doit prévoir pour la sureté du Commerce. Elle pourra disposer que dans les passages dangereux, par des fonds entre deux éminences, & par l'éloignement des Habitations, la largeur y sera augmentée jusqu'à la proportion nécessaire, ce qui sera constaté par les avis des Intendans, sur les rapports des Ingénieurs. Trois Arrêts du Conseil

des 24 Juillet 1703, 18 Septembre 1706, & 21 Octobre 1713, m'apprennent que dans le Comté de Bourgogne, cette largeur a été pouſſée juſqu'à vingt-cinq toiſes, ſur certains Chemins.

Les Chemins de la ſeconde claſſe me paroiſſent aſſez larges à quarante huit pieds, & les traverſes à trente ſix pieds, le tout hors des Bois.

La largeur des rues faiſant partie des Chemins Royaux, me ſembleroit ſagement déterminée à trente-ſix pieds, ſur ceux de la premiere claſſe, & à vingt-quatre ſur les deux autres.

5. Ceux de ces chemins qui ſe trouvent faits ſur de plus grandes largeurs que celles ſpécifiées ci-deſſus, y ſeront maintenus & conſervés.

6. Quoique les dimenſions des Chauſſées ſoient directement ſoumiſes à l'adminiſtration, & qu'on

ſoit certain qu'elle ſera toujours aſſez ſage pour prendre le meilleur parti, je ne laiſſe pas de croire qu'il ſeroit utile d'en fixer les largeurs, tant en pleine Campagne qu'aux abords des grandes Villes, ſoit qu'elles fuſſent conſtruites en pavé, ſoit qu'on les fît en cailloutis ; du moins me paroîtroit-il eſſentiel que la Loi défendît de faire des Chauſſées de Pavé hors des Villes & des Villages, à moins qu'on manquât abſolument de matériaux pour y en conſtruire de cailloutis. Pour donner à celles-ci des largeurs proportionnées à celles des chemins, je ſerois d'avis qu'on les fixât à vingt pieds ſur ceux de ſoixante; à ſeize, ſur ceux de quarante-huit pieds, & à douze ſeulement ſur les traverſes, afin qu'il reſtât partout autant de berme des deux côtés que de Chauſſée dans le milieu. Je ſuis ſi porté à prévenir les saillies du pouvoir arbitraire, que j'en saisis toutes les occasions.

7. Les Réglemens particuliers s'expriment avec tant de prudence & de précaution sur l'article des alignemens, qu'on ne peut y rien ajouter.

8. La largeur des Fossés à huit pieds par le haut, a été bien imposée par l'Arrêt du 3 Mai 1720; mais il n'en est pas de même de la largeur du bas, qu'il regle à trois pieds. Les terres ne pouvant se soutenir sur cette inclinaison, il faut les mettre de trois sur un; par conséquent réduire à deux pieds cette largeur du bas. Par tout où, entre deux contre-pentes, les eaux croupissent dans les Fossés, je voudrois qu'on fît creuser des Rigoles, ou de petits Fossés perpendiculaires au Chemin, pour procurer l'écoulement de ces eaux. L'Etat y trouveroit une

épargne par la diminution de l'entretien, & les Propriétaires en tireroient un grand avantage en se préservant de l'inondation.

9. Les distances des arbres dont la plantation est ordonnée par ce même Arrêt, sont bien indiquées; mais il sera peu exécuté par les Propriétaires des Héritages adjacens, tant que le Roi ne leur fournira pas les arbres. En leur faisant cette libéralité, pour les dédommager du tort que l'arbre fait au rapport de leurs terres, (& ce tort n'est pas médiocre), on peut très équitablement les contraindre à le planter & à l'entretenir à leurs frais, même à le remplacer s'ils le laissent mourir; comme aussi à renouveller & rafraîchir tous les ans les Fossés; mais j'entends seulement qu'on leur remboursera le prix de l'arbre au bout de trois ans, quand ils justifieront par le

Certificat de l'Ingénieur, visé du Trésorier de France Commissaire, qu'ils ont planté cet arbre à leurs frais. J'ai assez dit ce que je pense des Pepinieres royales, pour ne rien proposer qui tende à les perpétuer. La raison dicte que les Particuliers éleveront des arbres, quand ils seront certains de les vendre & d'en conserver la propriété. Je souhaiterois encore que l'Arrêt du 3 Mai 1720 fût réformé, en ce qu'il permet la plantation de toutes sortes d'arbres. La ruine des fruitiers est, en général, occasionnée par les fruits qu'ils rapportent, à l'exception néanmoins du Noyer, qui, dit-on, tire de nouvelles forces des blessures que lui font les Passans à coups de pierre & de bâtons. D'ailleurs les arbres fruitiers ont mauvaise grace sur les Chemins, & ils y nuiroient dans certaines Provinces, comme la

Normandie, où les Pommiers & les Poiriers à Cidre jettent des branches si longues qu'elles boucheroient le passage d'un Chemin de trente-six pieds.

10. Toutes les especes de délits qui peuvent être commis contre les Chemins, sont disertement énoncées dans les Ordonnances rendues sur ce sujet. Il m'a paru par différentes lectures que j'en ai faites, qu'on n'en a obmis aucun; il sera nécessaire d'en insérer l'énumération dans la nouvelle Loi, & d'examiner attentivement si les peines qu'on leur a infligées, doivent être augmentées ou adoucies; mais j'ose assurer que ces délits seront rarement découverts, même dans la Banlieue de Paris, & qu'ils ne le seront jamais ailleurs, surtout dans les Provinces, si le Roi n'ordonne sérieusement aux Officiers des Maréchaussées de se les faire dénoncer

noncer & d'arrêter les Contrevenans. Ces Officiers n'y veilleront point eux-mêmes, s'ils n'y sont excités par quelque profit. On pourroit leur accorder les amendes, en les partageant entr'eux, leurs Cavaliers & les Dénonciateurs, & en leur prescrivant la forme de procédure qu'ils auroient à garder.

Les Maires, Echevins & autres Officiers des Villes, non-plus que les Syndics des Paroisses, ne déclareront aucune contravention, si la loi ne le leur enjoint formellement & sous telles peines que de droit. Ils rient aujourd'hui des invitations & des injonctions des Bureaux des Finances, qui n'ont sur eux aucun droit de correction. Il y a tout lieu de présumer qu'ils se comporteroient mieux avec une Cour supérieure.

11. La surcharge des Voitures ne sera point réprimée, à moins

qu'on ne fixe, par cette loi, le nombre des chevaux dont celles à deux & à quatre roues, pourront être attelées dans les différentes saisons; & si malgré cette fixation, le nombre de tonneaux de liqueurs & autres Marchandises dont le poids est connu par leur contenance, n'est également réglé, avec ordre aux Maréchaussées & aux Commis des Entrées de dénoncer & d'arrêter les Contrevenans. Défenses aux Intendans de déroger à cette loi par leurs Ordonnances particulieres. Ce n'est pas gêner le commerce, que de l'assujettir à des regles; & la pitié ou la faveur qui les font violer, sont des licences répréhensibles, parcequ'elles manquent à l'Autorité royale, en déliant ce qu'elle a lié.

12. Il y a dans la Banlieue de Paris, & sans doute ailleurs, un abus qui mérite l'attention du

Gouvernement ; c'eſt celui qui aſſujettit les Carriers à prendre la permiſſion des Officiers des Chaſſes, avant d'ouvrir des Carrieres aux environs des grands Chemins. Cette Police eſt bonne, conforme aux anciennes & nouvelles Ordonnances ; mais l'exercice n'en appartient qu'aux Juges de la Voirie. C'eſt donc, de la part des Officiers des Chaſſes, un attentat d'autant plus remarquable, qu'ils font payer ces permiſſions ; que par-là ils induiſent le Public en erreur & le jettent eux-mêmes dans la contravention, en ce que leurs Ordonnances n'exigent, pour l'ouverture des Carrieres, que quinze toiſes de diſtance des Chemins, & que la Voirie en impoſe trente. Enfin ils ont un Prépoſé, qu'ils qualifient *Voyer*. Tel eſt, diſent encore ici les Treſoriers de France, le fruit de la concurrence des indépendans.

La Loi ne peut trop efficacement y pourvoir. Les Officiers des Chasses sont payés pour veiller à la sureté du Prince, quand il chasse dans les Plaines réservées à ses plaisirs; mais hors de ce précieux objet, qui n'a de rapport qu'à faire boucher les trous des carrieres épuisées, & à faire cesser tous autres périls qui pourroient s'y rencontrer, ils n'ont aucun droit à la Police, relativement aux Chemins.

13. Le bien de l'Etat exigeroit qu'à commencer par la Banlieue & la Généralité de Paris, il fût fait par les Tresoriers de France, Commissaires du Conseil, un récensement de tous les Chemins & Sentiers inutiles dont la suppression seroit ensuite ordonnée par la nouvelle Cour de Voirie, sur le vû des Procès verbaux que les Commissaires en auroient dressés, après avoir entendu les

Habitans des Paroisses & les Particuliers qui prétendroient avoir titre pour s'y opposer. La Loi porteroit en même-tems de severes défenses d'ouvrir des sentiers dans les terres ensemencées.

14. Après que cette réduction des Chemins seroit faite, on pourroit ordonner aux Habitans de chaque Paroisse où la Voirie appartient au Roi, de réparer & entretenir leurs communications, soit des grands Chemins à leurs Villages, soit des Villages entr'eux pour donner un plus grand débouchement aux denrées. Cette contribution de leur travail seroit d'autant plus juste, qu'outre le profit qui en reviendroit aux Propriétaires des Champs, la consommation de Paris fournit & paie elle seule tous les grands Chemins de la Banlieue, & un grand nombre de communications. Je parlerai ailleurs de cette

même contribution hors de la Banlieue.

CHAPITRE V.

Continuation de la loi sur la Voirie seigneuriale.

15. IL faudroit d'abord décider à quels genres de Seigneurie peut appartenir le droit de Voirie, en leur supposant les titres nécessaires pour le prouver. Il ne me paroit pas que les Bas-Justiciers y puissent prétendre, & je pense avec Loyseau, que la preuve de possession immémoriale de la part des Seigneurs Hauts-Justiciers, ne peut être admise par Témoins.

16. La preuve par titre de concession & de possession seroit donc portée devant les Tresoriers de France; de sorte que l'enregistrement qu'ils en feroient, &

l'Arrêt de confirmation qu'ils rendroient, servît à perpétuité de titre justificatif aux Possesseurs, & qu'on sût au vrai dans chaque Généralité, quelles sont les Seigneuries qui ont droit de Voirie.

17. En conservant aux Propriétaires des Justices maintenues dans ce droit, celui de se nommer des Juges, il faudroit les assujettir à l'examen des Tribunaux auxquels ils ressortissent pour la Justice ordinaire, & à celui des Trésoriers de France pour la Voirie. L'information des vies & mœurs, profession de foi & suffisance, mettroit en repos la Religion du Législateur, sur la justice qu'il doit à ses peuples.

18. Le Tarif des droits utiles de la Voirie seroit réglé pour chaque Seigneurie, relativement au prix des denrées de chaque Pays, aux facultés des Habitans en gé-

néral, & à toutes les autres considérations qui doivent déterminer une pareille fixation. Tous droits en essence, tels que de chair, poisson, œufs, beurre, chandelle, &c. seroient supprimés *à l'instar* de ce qui a été pratiqué par le Voyer de Paris, parcequ'il est impossible de disconvenir que tous ces droits ont été imaginés par le sordide intérêt qui les a établis par la violence. La surprise faite à la bonté des Souverains qui les ont confirmés, n'a pû les laver de cette tache.

19. Tous autres droits de halle, barrage, péage, travers, &c. seroient suspendus, & les deniers qui en proviennent demeureroient en sequestre jusqu'à la vérification des Titres qui les ont attribués, & à celle des Charges que les concessions ou la loi commune du Royaume y ont attachées. En con-

séquence de cette vérification, tout péage qui n'auroit point de charge, seroit anéanti ; & si les charges des autres n'étoient point acquittées, le droit seroit également supprimé, si dans un terme prescrit le Seigneur n'y avoit point satisfait. Une troisieme cause de suppression, seroit si le Roi avoit fait des deniers de son Domaine, ou sur les fonds d'imposition, des ouvrages dont les Seigneurs péagers seroient tenus. Dans ce cas on les condamneroit au remboursement de la dépense, pour lequel, & pour celui de l'entretien, le péage seroit saisi.

20. Il est d'autres droits de péage qui, dans leur origine, n'avoient rien d'odieux ; mais qui le sont devenus par des prolongations réitérées, dont le renouvellement semble avoir voulu les rendre patrimoniaux. Leur premier objet étoit de payer la dé-

pense, & les peines des Entrepreneurs d'ouvrages publics; rien n'étoit si juste. Leur continuation n'est due qu'à l'intrigue des Puissans, ou des corrupteurs que la faveur y a subrogés ; rien n'est plus inique Une vérification exacte des Tresoriers de France prouveroit que les motifs de la premiere concession ne subsistoient plus à la seconde ; que la jouissance a rendu le centuple du remboursement, & que le produit annuel excede de vingt fois la dépense de l'entretien. Que ne puis-je livrer de même aux recherches de ces Officiers, tant de privileges honteux, qui rendent le Public tributaire du crédit & de l'avarice! Je descendrois dans tous les détails. Les petites lotteries, qui animent le larcin domestique, ne seroient pas oubliées, & la ferme des chaises des Eglises paroîtroit aussi digne de réformation, que celles des revenus du Roi.

21. La loi rendroit au Domaine du Souverain tous les fonds vains & vagues dont les Seigneurs se seroient induement emparés, sous prétexte d'attributions portées par les Coutumes, & contre la maxime reçue dans le Royaume, que ce qui n'appartient à personne, appartient à l'Etat pour en faire son profit, en le vendant par petites parties, sous la condition expresse de le cultiver.

22. Injonction aux Seigneurs de faire arracher les haies, buissons & arbres qui seroient plantés dans l'emplacement des chemins, & à une distance de leurs bords moindre que de trois pieds. Je pense même qu'il seroit plus convenable, rélativement à l'entretien des Chemins vicinaux, de n'y souffrir aucune plantation, attendu que leur largeur ne peut

être portée qu'à dix huit pieds; mais d'un autre côté nous manquons de bois, & l'intérêt public semble demander que les Propriétaires soient excités à prévenir par leur attention une plus grande disette. Le luxe qui nous dévore n'y aidera pas; il ne travaille qu'à détruire l'utile, pour se procurer l'agréable. Le Gouvernement aura bientôt décidé le parti qu'exige cette conjoncture, & je me borne à lui faire observer qu'elle peut mériter son attention.

Je supplie maintenant qu'on veuille bien considérer si tous les objets que je propose au zele des Trésoriers de France, ne méritent pas le degré d'autorité que je sollicite moins pour eux que pour le bien public. Encore un coup, nul autre Corps que celui-là n'est capable, par sa position, de rendre les services qu'on doit en attendre pour la Voirie, & ce sera toujours les éloigner, que d'y admettre d'autres Juges.

Je passe au sujet le plus propre à prouver cette utilité, & en même-tems le plus important, puisque le salut du peuple y est attaché, & qu'il s'agit de soulager le Cultivateur du joug énorme dont l'accable l'administration arbitraire des Intendans; joug si dur & si cruel, qu'il rendroit incessamment les Campagnes desertes, s'il n'étoit modéré par la puissance; soumis à des regles invariables; tellement proportionné aux forces des Communautés, qu'elles puissent l'envisager sans terreur, & si bien défendu par la justice, que le péculat n'ose entreprendre de l'aggraver. Les Commissaires des Ponts & Chaussées peuvent seuls procurer tous ces avantages, à la faveur de l'autorité qui leur sera confiée, & de l'accroissement de dignité de leurs Corps, qui rejaillira ſur eux.

CHAPITRE VI.

Diſpoſitions de la Loi pour les Corvées.

J'AI aſſez fait entendre, ſur la fin du Chapitre précédent & dans tout le cours de cet Ouvrage, que la recherche des moyens qui peuvent tendre au ſoulagement du peuple, dans la partie que je vais examiner, avoit été le plus grand mobile de mes ſpéculations, pour que perſonne n'en puiſſe douter. Je ſuis pénétré de douleur, à la vue continuelle de l'eſclavage auquel on réduit ces malheureux, par l'ignorance, le caprice, la hauteur, la baſſe ambition de ſe faire des amis, ou des Protecteurs au prix du ſang des pauvres. Je frémis de voir, à l'heure même où j'écris ces justes invectives contre leurs Persécuteurs, de voir, dis-je, un champ dépouillé de sa récolte, avant sa maturité, & des Paysans commandés au mois de Juin pour tracer un chemin de pure faveur, & qui devroit d'autant plus être fait aux dépens du Particulier qui l'obtient, que c'est pour former des abords faciles à un bac dont il tire le profit. Je serois trop long si j'ajoutois au recit de cette tyrannie, celui de tous les autres abus que je connois en ce genre. Il vaut mieux ne m'occuper que des moyens d'y remédier. Je demande grace, dans ce dessein, pour les répétitions qui pourront m'échapper : elles ne seront pas vicieuses si elles servent à mieux graver dans l'esprit de mes Lecteurs, les trois principes qui font la base de mon systême. Le premier est la nécessité des chemins, de laquelle tout le monde tombe d'accord. Le second est l'impuissance absolue de les réparer, & de les entretenir à prix d'argent. Enfin le troisieme, qui résulte des deux autres, est de faire cet entretien & cette réparation par corvées, en n'exigeant des Peuples que la contribution qu'ils peuvent fournir sans préjudicier à l'agriculture & à leur propre subsistance. Rien n'est plus sûr que l'anéantissement des cultivateurs, si l'on continue de permettre qu'ils soient commandés arbitrairement.

L'administration des Ponts & Chaussées est trop éclairée pour n'avoir pas prescrit à ses Officiers tous les ménagemens qui dépendent d'eux dans la distribution du travail, soit en ne la permettant que par tâches générales & particulieres, soit en la proportionnant aux forces des Courvoyeurs qui, étant mal nourris lorſqu'ils travaillent à leurs frais, ne peuvent faire autant d'ouvrage que s'ils étoient payés.

Je ſais qu'elle a pourvu avec le même diſcernement à la répartition du nombre d'Employés néceſſaires à la conduite des chemins, relativement à l'étendue & à la difficulté de chaque entrepriſe & au nombre des travailleurs.

Je connois par moi-même la capacité de quelques Inſpecteurs Généraux, & celle de pluſieurs Ingénieurs en chef; leur mérite me fait ſuppoſer hardiment qu'il n'y en a point d'indignes de la place qu'ils occupent.

Le ſuccès ne dépend donc plus que des Intendans & de leurs ſous-ordres, ſur leſquels je rejette ſans diſſimulation tous les maux qui ſuivent de ce ſervice & qui révoltent le Public; car il n'eſt pas à préſumer que des Magiſtrats établis pour être les peres du Peuple & le conduire avec équité, ce qui veut dire avec douceur, le foulent mal-à-propos ou injuſtement, & le mettent par-là hors d'état de peupler en le mettant hors d'état de vivre. Je penſe d'eux bien différemment ; auſſi eſt-ce pour les confirmer dans les ſentimens qu'ils ſe doivent par leur dignité, que j'ai demandé une Loi ſalutaire, qui mette à couvert de tout reproche & de toute ſuſpicion, la confiance qu'ils ont en leurs Subdélégués. J'oſerois jurer qu'elle ſera reçue à bras ouverts, dans tous les Sanctuaires de la Juſtice, quand ſes Miniſtres verront que le Souverain n'a pas été ſourd à leurs plaintes, & que la moindre négligence à ſeconder la compaſſion qu'il a pour ſes Sujets, s'attirera ſon indignation.

1. Je voudrois que la premiere diſpoſition de cette Loi, portât de ſéveres défenſes de commander pour la corvée des Communautés éloignées de plus de deux lieues de France, de 2400 toiſes, ou environ, & que cette diſtance ne pût être excédée, ſous aucun prétexte; ſoit à l'égard de l'extraction des matériaux, ſoit par rapport à la confection du Chemin. Il n'arrive que trop ſouvent, qu'après avoir fait venir ſur l'attelier, les Manouvriers & les Voituriers, on les envoie aux carrieres, ou à d'autres emplacemens éloignés, ſur leſquels on a fait raſſembler des cailloux. Rien n'eſt plus facile que d'éviter ces inconvéniens, ſi l'on veut ſe conduire par des principes.

On n'a qu'à tracer ſur la meilleure Carte gravée, qu'on pourra trouver, la ligne du Chemin auquel il s'agit d'occuper les Courvoyeurs : tirer ensuite une parallèle de chaque côté de cette ligne, & à la distance de deux lieues prises sur l'échelle : ces deux espaces renfermeront quatre lieues de terrain en largeur. Supposons que la confection, ou la réparation de ce Chemin soient entreprises sur deux lieues de longueur, on élevera sur la Carte deux perpendiculaires, dont l'une au commencement de la premiere ligne, & l'autre au point de ces deux lieues de longueur : elles comprendront dans leur espace, & celui des paralleles du Chemin, toute l'étendue de l'entreprise. Qu'on marque ensuite aux différens points extérieurs de la ligne du Chemin, les lieux où sont les matériaux : ils se trouveront à droite ou à gauche de cette ligne, & on les y rendra remarquables, ſoit par des croix, ſoit par des lettres, ſoit par des chifres; de ſorte que les caracteres, par leſquels on aura voulu les diſtinguer, ne puiſſent être confondus avec ceux de la Carte gravée; alors on fera l'état des Paroiſſes à commander, & s'il y en avoit qui ne ſe trouvaſſent pas ſur cette Carte, on les y porteroit à vue dans la poſition, où la connoiſſance des lieux indiqueroit de les placer. Avec de telles diſpoſitions, la moindre erreur ſur le commandement ne ſeroit plus pardonnable, puiſqu'on auroit été maître de diriger les Mandemens avec toute la préciſion requiſe.

2 Il ſeroit je crois, très. ſuperflu, d'obſerver que le nombre d'Ouvriers commandés pour la Corvée, doit être proportionné

par moitié, par tiers, ou par quart, au nombre d'Habitans de chaque Paroiſſe; de maniere qu'ils ne marchent pas tous à la fois, & qu'il en reſte aſſez au Village, pour faire ſes propres travaux indiſpenſables, & ceux des Particuliers; mais ce qu'on ne peut trop recommander, c'eſt de ne les envoyer à ce travail forcé, que dans les ſaiſons mortes pour l'Agriculture.

3. Comme il pourroit arriver que le Chemin paſſât ſur deux Généralités, & que dans la régle des formalités ordinaires, l'Intendant qui auroit la Direction générale de ce Chemin, ne pourroit commander les Paroiſſes de l'enclave du Département limitrophe, il conviendroit que la Loi prévît ce cas, en ordonnant que celui des Intendans qui auroit le moindre nombre de

Paroiſſes, dans les lignes circonſcrites ci-deſſus, en céderoit le commandement à ſon Confrere, & ordonneroit pour cet effet à ſes Subdélégués d'exécuter ſes ordres.

4 La Loi marquera tous les cas d'exécution de la Corvée, ſoit perſonnelle, ſoit de la Voiture, ſoit de la repréſentation; mais comme elle ne pourroit les prévoir tous, eu égard à tant de genres & qualités d'Offices, ou Priviléges qu'il y a dans ce Royaume: il ſera bon de conſulter les Intendans ſur cet article, avant de le régler, & que s'il ſe préſente par la ſuite d'autres cauſes d'exception, ils aient le pouvoir d'y faire droit, ſur les avis de leurs Subdélégués, qui ſeront tenus de les communiquer auparavant aux Conſuls ou Syndics, pour mettre la Communauté en état de faire ſes re-

présentations contre l'exemption demandée, sans qu'il soit permis en aucuns cas, aux Subdélégués, d'accorder ces exemptions; & si l'Intendant refusoit d'avoir égard aux représentations, il seroit permis à la Communauté plaignante, & à tous Contribuables, de s'adresser au Trésorier de France, Commissaire, pour réclamer son témoignage & sa protection auprès de l'Intendant, afin qu'il ne reste aucune ressource à la cupidité, pour rejetter sur le foible la charge du fort.

5. Je n'observerai ici que pour mémoire, que tout Particulier qui est, ou seroit Taillable dans le Pays où la Taille est personnelle, & qui n'est pas d'état à pouvoir travailler de ses mains, doit être assujetti à la Corvée de représentation, à l'exception néanmoins des Lieutenans généraux, Civil, Criminel & de Police

lice, des Bailliages & Sénéchaussées; Juge principal des Justices Royales, Présidens des Elections, Consuls en charge actuelle des Villes, ou autres Chefs de compagnie, que le Conseil jugera dignes de cette distinction.

6. A l'égard de la Corvée personnelle & de la Voiture, il sera juste d'avoir égard à tout ce qui peut favoriser les Mariages & l'Agriculture : mais il ne faut rien outrer; la régle la plus sacrée en matiere de Gouvernement, étant celle d'une répartition égale des Charges & des Bénéfices sur tous les Sujets, relativement à leur état & condition, & aux circonstances particulieres; la justice & l'humanité doivent présider tour à tour à cette distribution.

7. Quand le dénombrement général de chaque Paroisse sera dressé, il en faudra distraire tous

les Contribuables qui seront exempts par leur état de la Corvée personnelle, ou qui voudront la racheter en argent, & on les comprendra tous dans un Etat séparé, qui sera remis au Collecteur de la Paroisse, pour en faire le recouvrement, & en répondre comme des deniers de la Taille, & par les mêmes voies. Après que les Laboureurs & Journaliers auront fait leur tâche personnelle ou de Voiture, on leur proposera de faire à prix d'argent, celle des Contribuables par représentation; de laquelle ils seront payés, en vertu du Rôle qui en aura été dressé par les Piqueurs des Atteliers, visé & certifié véritable par le Sous-Inspecteur qui en aura la conduite; sur les Mandemens des Trésoriers de France, Commissaires.

Comme il est rare que dans une Généralité il y ait plus de

deux routes oüvertes en même tems : l'un & l'autre de ces Commissaires se porteront séparément sur celle du département qui leur aura été assigné, soit qu'on y travaille à l'entretien d'un Chemin déja fait, ou à la confection d'un nouveau Chemin. Ils y exerceront la Police, comme l'Intendant pourroit le faire lui-même, s'il étoit sur les lieux, & donneront à cet effet, tous les ordres provisoires aux Communautés, même aux Subdélégués, pour se faire rendre compte par eux, des causes d'inexécution, des mandemens qu'ils auront décernés pour la Corvée. Ils expédiront les mandemens & Ordonnances nécessaires contre les délinquans & défaillans, & pourront seuls imposer la garnison, & les amandes qui auront été encourues, sauf l'appel de celles-là devant l'Intendant, &

de celles-ci au Bureau des Finances de la Généralité. Ces peines ont été ſagement imaginées contre la déſobéiſſance & contre la défection; mais il eſt en même tems de la prudence & de l'équité du Gouvernement, de prévenir l'abus qu'en peuvent faire ceux qui les ordonnent, en les faiſant ſervir d'inſtrument à leur avarice. Quand c'eſt le Subdélégué qui fait les Rôles, qui accorde les exemptions, & qui décerne les contraintes, il devient ſi terrible par ces moyens ajoutés à ceux qu'il a dailleurs dans le commandement de la Milice, & des impoſitions ordinaires, que perſonne n'oſeroit ſe plaindre. J'en ai cent preuves ſans replique; je n'en citerai qu'une ſeule. Des Officiers d'une Ville de Province, dont on ruinoit à plaiſir la Communauté, pour un Chemin qui détournoit leur commerce, furent informés que le Subdélégué dispensoit de la Corvée, ceux qui vouloient bien s'en délivrer à prix d'argent : ils en porterent leurs plaintes à l'Intendant, après s'être assurés des faits, par les dépositions des particuliers qui avoient subi ce monopole. Le Magistrat, comme de raison, demanda des preuves; les Officiers s'y soumirent, & allerent en conséquence requérir les déclarations des déposans ; mais ceux-ci les leur refuserent, en disant qu'ils se garderoient d'offenser le Subdélégué, parcequ'il les augmenteroit à la Capitation. Quand au contraire le commandement est partagé, l'abus est si difficile dans chacun en particulier, qu'on abandonne le dessein de le mettre en pratique. Le Trésorier de France, Commissaire, n'ayant d'autorité que pour les Corvées, ne sauroit intimider par d'auttes intérêts ; & il n'en aura lui-même aucun, de maltraiter les Peuples, puisqu'il n'en pourroit profiter, comme on va le voir dans l'article suivant.

8. La Loi portera que les fonds provenans des garnisons & amendes seront remis aux Syndics par les Cavaliers, pour en compter devant le Trésorier de France Commissaire ; & que ces fonds après qu'on en aura prélevé le salaire taxé au Cavalier, sera joint à celui des corvées de représentation, pour être employés en ouvrages. On entend facilement qu'en suivant cet ordre il est impossible de commettre un abus sans qu'il y ait connivence entre le Commissaire, le Syndic & le Cavalier, & sans qu'ils veuillent s'exposer tous trois à se perdre, ce qui n'est pas à supposer, du moins de la part du Trésorier de

France, qui d'ailleurs aura une
raison pressante de se conduire
avec intégrité par la jalousie
qu'excitera son Ministere ; mais
en revanche son amour propre
triomphera du pouvoir qui lui
sera remis pour empêcher la vexation. Il sera sur les lieux à portée
de lever la garnison, sur des causes légitimes, & l'on sera sûr que
les Peuples ne pourront être fou-
lés injustement. Il m'a été dit par
un homme très digne de foi, &
revêtu d'un caractere respecta-
ble, qu'il avoit été témoin des
larmes d'une pauvre veuve, qui
avoit tout-à-la-fois dans sa Chau-
miere, son mari venant d'expi-
rer & un Cavalier de Maréchaus-
sée mis chez lui en Garnison,
comme défaillant à la corvée,
sans qu'elle eut jamais pû obtenir la décharge de ce barbare lo-
gement. La mort du Courvoyeur
ne prouvoit que trop pour cette

malheureuſe femme & pour ſes enfans, que la raiſon de la déſobéiſſance du défunt étoit légitime ; & le Cavalier qui l'avoit trouvé au lit de la mort ne méritoit-il pas une punition exemplaire pour ne s'être pas retiré?

9. Il ſeroit également juſte & important que le ſalaire de ces Cavaliers fût extrêmement réduit & modéré, par la raiſon ſenſible qu'ils ſont déja payés par le Roi pour veiller à la ſûreté publique, en cherchant & en arrêtant les voleurs, & que le ſervice des corvées n'étant pas à beaucoup près auſſi rude ni auſſi dangereux que celui de pourſuivre des malfaiteurs au travers des bois & des cavernes, quelque mince taxe qu'on fît aux Cavaliers, elle devroit les exciter ſuffiſamment, puiſqu'elle leur tourneroit à récompenſe : moins de profit leur laiſſeroit peut être plus

d'humanité, & feroit tout au moins cesser les bruits qui courent dans les Provinces contre ceux qu'on accuse de participer au bénéfice.

10. Je ne me lasserai point de faire la guerre au péculat qu'enfantent les corvées, jusqu'à ce que mes vœux soient exaucés : je donne librement ce nom à tous les présens qu'on fait pour se délivrer de cette charge devenue un fléau mortel, par les excès de la prévarication : je voudrois que les Trésoriers de France fussent autorisés à se faire représenter les comptes des Communautés ; pour voir si ceux qui les rendent n'y emploient ni argent ni présens sous des titres interposés d'étrennes, de gratifications, de dépenses secrettes & autres ; & que dans les cas où ils y en trouveroient, ils en dressassent leurs Procès-verbaux, pour être remis à leur Com-

pagnie, & le Procès fait par elle à ceux qui les auroient reçus, après en avoir donné avis à la Direction générale. Je ne sais quelles peines le Gouvernement jugera à propos de prononcer contre les ames basses qui se laissent ainsi corrompre; mais je ne doute pas qu'on ne puisse les assimiler à celles des Juges prévaricateurs, qui vendent la Justice; & combien de victimes n'offrirois-je pas à son glaive, s'il m'étoit permis de sortir de mon sujet! la déposition publique lui découvriroit tant de coupables qu'elle en seroit effrayée. Quel siecle, s'écrieroit-elle, où l'argent a souillé tous mes Tribunaux, & où l'impudence est montée jusqu'à tarifer les devoirs les plus saints? Il est d'usage que les appointemens & gratifications des Employés qui ne sont pas enregistrés à la Chambre des Comptes, de même que les frais d'outils & autres ſoient employés comme charges dans les adjudications, ſans quoi la Chambre les rayeroit. On peut dire qu'en cette occaſion l'amour de la régularité porte ces Juges à la faire violer : comme ils ne ſont point parties capables pour juger des frais d'une entrepriſe de Ponts & Chauſſées, les Ordonnateurs craindroient d'allumer le zele de ce Tribunal, s'ils lui montroient à découvert toutes les dépenſes imprévûes & indiſpenſables qu'occaſionne le ſervice; ils les cachent ſous d'autres formes dans les adjudications, après en avoir arrêté l'état au vrai par des comptes particuliers : d'un autre côté cet expédient pourroit induire ces Ordonnateurs, s'il y en avoit de mauvaiſe foi, à cacher ſous des dénominations étrangeres des ouvrages qu'ils voudroient ſouſtraire à la ſévérité de l'examen.

La Loi ſeroit donc très ſage ſelon moi, ſi elle enjoignoit de ne comprendre dans les adjudications que les ouvrages, & de faire dans chaque Généralité un Chapitre de charges qui ſeroit payé en Province ſur les Ordonnances des Intendans, & à Paris ſur les mandemens des Tréſoriers de France Commiſſaires. Je regarde comme un abus dans l'adminiſtration des affaires publiques, de fermer les paſſages à la vérité, dont l'éclat doit édifier tous les hommes & leur impoſer le reſpect. Je ne fais qu'effleurer le détail de chaque partie de la Police, ne préſumant pas aſſez de mes lumieres pour penſer qu'elles puiſſent ſervir de guides aux eſprits éclairés qui ſeront chargés de dreſſer cette bienfaiſante Loi : je ne regarde moi même mes réflexions que comme des points ou des notes qui peuvent ſervir d'avertissement ; & je m'abstiens tout-à-fait de donner mes avis sur ce qui concerne l'arrangement du travail des corvées, sachant que la Direction n'y laissera rien à desirer. J'ose seulement répéter qu'elles seront toujours odieuses, s'il n'est pas absolument interdit aux Ordonnateurs de les commander pour d'autres ouvrages que ceux qui auront été approuvés par la Direction. N'est-il pas en effet désesperant pour les Peuples d'avoir été tourmentés pendant plusieurs années pour la réparation d'une route, & de la voir abandonnée tout-à-coup, parcequ'on s'apperçoit trop tard qu'elle a été imaginée par l'ignorance, par la faveur ou par la corruption, comme si l'Etat étoit obligé de faire autant de chemins qu'il y a d'intérêts particuliers à satisfaire : c'est une tyrannie quand on y employe les corvées ; c'est une déprédation quand on travaille à prix d'argent.

J'ai promis de dire un mot ſur les chemins de la Généralité de Paris, ſitués hors de la Banlieue. Je demande pourquoi le travail des corvées tel que je le requiers n'y ſeroit pas établi comme dans toutes les autres. Qu'on interroge tout homme impartial ſur cette différence : je doute qu'on trouve quelqu'un à qui elle ne paroiſſe injuſte, & je défie qu'on puiſſe former une objection raiſonnable contre ma propoſition, ſurtout quand on ſaura que tout le Royaume contribue de ſes deniers à la réparation des chemins de cette Généralité, & qu'elle abſorbe le tiers ou le quart de l'impoſition générale deſtinée aux Ponts & Chauſſées.

CHAPITRE VII.

De la Police & des formalités des Turcies & Levées.

COMME les ouvrage de ce Département sont tous de l'art, à l'exception des pavés & des ensablemens, ils sont fairs aussi à prix d'argent, en conséquence des devis qui en ont été dressés par les Ingénieurs, & en vertu des adjudications qui en sont passées devant l'Intendant des Turcies & Levées, Ordonnateur en cette partie. On attend chaque année que les eaux soient basses pour être en état de vérifier les ouvrages faits l'année précédente, & pour ordonner ceux qui sont devenus nécessaires par l'usure des anciens ou par les détériorations que les eaux ont faites pendant l'Hiver : c'est d'ordinaire dans le mois de Juin que cet Intendant s'embarque sur la Loire & sur l'Allier, avec les Ingénieurs des deux Départemens, l'un après l'autre, & avec les deux Contrôleurs qui ne le quittent pas, étant témoins nécessaires aux adjudications suivant l'institution de leurs Offices. Là se portant d'un bord à l'autre en remontant les Rivieres & en les descendant, on prend les attachemens de chaque ouvrage à faire & les toisés de ceux qui sont faits. Si les premiers sont dans les classes des ouvrages pour lesquels il y a des devis communs, tels que perrez (*a*) sans bâtis ou avec bâtis, il n'est question que du toisé : si au contraire, il s'agit d'une nouvelle construction, on en dresse un devis particulier

(*a*) Par corruption du mot de *pierrées*.

ſur les plans & les profils néceſſaires.

Rien ne me paroît ſi difficile que de faire ces ouvrages avec précision, à cauſe que les eaux les interrompent quelquefois, & empêchent ſouvent que les aſſemblages de charpente puiſſent être faits ſolidement : il eſt encore plus dangereux que les parties enterrées, telles que les pieux & palplanches ne ſoient pas des longueurs preſcrites. Pour en répondre il faudroit qu'un Inſpecteur les eût tous meſurés & vûs battre l'un après l'autre : je ne ſais ſi malgré la bonne opinion qu'on doit avoir des Employés de ce Département, on peut aſſurer qu'ils ſont toujours en état de remplir cette condition, & ſi leur bonne foi ne rend pas l'Etat ſouvent dupe de l'infidélité des Entrepreneurs.

Pour prévenir ce danger, il

ſeroit à ſouhaiter que la Charge d'Intendant ne pût être remplie que par des Gradués d'un état aſſez noble pour leur attirer une conſidération digne de cette place ; qu'ils fuſſent ſuffiſamment inſtruits dans la ſcience des Loix, & aſſez initiés dans les principes de l'art pour entendre les opérations des Ingénieurs ; qu'on donnât à l'Intendant une autorité aſſez étendue ſur ces Officiers pour les aſtraindre à remplir leurs devoirs, & une Juriſdiction ſur les Riverains, telle, qu'en cas de contravention aux Reglemens, il pût leur infliger les peines qu'ils auroient encourues ; il faudroit, dis-je en faire une Magiſtrature, lui ériger un Tribunal, tant pour les adjudications que pour la déciſion des différends qui pourroient naître entre les Adjudicataires & les Particuliers, & lui attribuer dans cette partie autant de pouvoir qu'en ont les Intendans de Justice, Police & Finances pour les matieres soumises à leur Jurisdiction. Je ne doute pas même que dans la première institution, l'idée du Gouvernement n'ait été d'attacher une grande considération à cette Charge, & je vois qu'il en avoit encore cette opinion en 1651, puisque le Roi commit un Conseiller de Grand'-Chambre du Parlement de Paris pour répartir sur les Habitans d'un grand nombre de Paroisses la dépense à laquelle ils s'étoient soumis pour la réparation des Levées, comme aussi pour examiner, clore & arrêter *avec les Intendans des Turcies & Levées*, les comptes de recette & de dépense de ce recouvrement. Mais depuis ce tems les augmentations de Finance ont rendu cet Office comme bien d'autres, la proie de l'argent, & dès lors il est impossible que l'honneur ſeul ſoit le mobile de la geſtion, quoique dans toutes les matieres d'Etat elle ne dût point écouter d'autre voix ni reconnoître d'autre aiguillon.

FIN.

TABLE DES CHAPITRES

Contenus dans ce Volume.

PREMIERE PARTIE.

Des Hommes qui concourent à la réparation des Chemins

SECONDE PARTIE.

Des Ouvrages néceſſaires à la Réparation des Chemins, & des moyens par leſquels on peut la procurer.

TROISIEME PARTIE.

Du droit qui régit les Ponts & Chaussées, & des formes qu'on y suit.

Fin de la Table des Chapitres.

www.ingramcontent.com/pod-product-compliance
Lightning Source LLC
LaVergne TN
LVHW010129230826
846091LV00001BA/186